职业技能等级认定学练丛书

电　工

中国铁路呼和浩特局集团有限公司　编

中国铁道出版社有限公司

2024年·北　京

内容简介

本书为“职业技能等级认定学练丛书”之一，适用于电工岗位初级工、中级工、高级工、技师、高级技师五个等级日常培训和考试，每一等级包含90余道问答题和10道实操题。本书内容具有理论性和实践性，现场实用性强，对电工岗位各等级技能认定具有指导意义。

本书可作为电工岗位培训用书，也可供相关专业人员学习参考。

图书在版编目(CIP)数据

电工/中国铁路呼和浩特局集团有限公司编. —北京：中国铁道出版社有限公司，2024.4
(职业技能等级认定学练丛书)
ISBN 978-7-113-30971-8

Ⅰ.①电… Ⅱ.①中… Ⅲ.①电工-职业技能-鉴定-教材 Ⅳ.①TM

中国国家版本馆CIP数据核字(2024)第051382号

书　　名：电工
作　　者：中国铁路呼和浩特局集团有限公司

责任编辑：聂宏伟　李纯一　　**编辑部电话：**(010)51873024
封面设计：刘　莎
责任校对：苗　丹
责任印制：樊启鹏

出版发行：中国铁道出版社有限公司(100054，北京市西城区右安门西街8号)
网　　址：http://www.tdpress.com
印　　刷：北京联兴盛业印刷股份有限公司
版　　次：2024年4月第1版　2024年4月第1次印刷
开　　本：787 mm×1 092 mm 1/16　**印张：**13.5　**字数：**305千
书　　号：ISBN 978-7-113-30971-8
定　　价：78.00元

编 委 会

前　言

为进一步提高铁路职工教育培训的针对性和实效性，大力促进全局职工队伍岗位技能达标，2015年劳动和卫生部组织专业技术人员编写了“铁路特有工种操作技能鉴定学练丛书”。该丛书为同期职业技能鉴定培训提供了有力的支撑，在铁路高技能人才培养选拔、落实全员持证上岗制度和确保运输生产安全稳定发展方面发挥了重大的作用。

随着我国铁路建设的持续发展，新技术、新设备不断更新应用，铁道行业标准、《铁路技术管理规程》等规章标准相应提升变化，丛书的范围和内容已经不能适应新时代铁路职工职业技能等级认定培训学习需求，急需进行修订完善和扩充拓展。

党的二十大报告要求，深入实施人才强国战略。为落实二十大精神，集团公司在技能人才队伍培养方面推出了一系列的新举措。其中，丛书修订完善作为一项重要工作进行落实，在对62个铁路特有工种进行修订完善的基础上，将丛书拓展为90个铁路特有工种和8个通用工种，并更名为“职业技能等级认定学练丛书”。

“职业技能等级认定学练丛书”在编写内容上力求体现以“优化职业活动为导向，以提升职业技能为核心”为指导思想，以“国家职业标准”“铁路特有工种技能培训规范”“高速铁路岗位培训规范”等为标准，以客观评价职工操作技能水平为目标，力求知识的系统性、连贯性和精炼性，突出针对性、典型性和适用性。

“职业技能等级认定学练丛书”是铁路职工职业等级认定操作技能考试前培训和自学教材，对职工各类在职教育和考试也有重要的参考价值。

“职业技能等级认定学练丛书”的编写是一项系统性、全面性的工作，工作难度比较大。在丛书的编写和审定过程中得到了集团公司职培部、各业务部及有关单位的大力支持和帮助，在此表示感谢！由于编写水平有限，加之时间仓促，恳请读者提出宝贵意见和建议。

中国铁路呼和浩特局集团有限公司

2023年9月

目　　录

第一部分　初　级　工

第二部分　中　级　工

第三部分　高　级　工

第四部分　技　　师

第五部分　高级技师

第一部分　初　级　工

1. 什么是楞次定律？

答:楞次定律是用来确定感应电动势（或感应电流）方向的定律。该定律指出，感应电流产生的磁场总是阻碍引起感应电流的磁通量的变化。

2. 低压内线配线方法一般有哪几种？

答:低压内线配线常用的方法一般有塑料护套线配线、塑料管配线、电线管（钢管）配线、瓷瓶配线、瓷夹配线、木槽板配线、室内电缆配线等。

3. 瓷瓶的绑线应符合什么规定？

答:橡皮绝缘导线应采用纱包绑线；塑料绝缘导线应用同颜色的聚氯乙烯绑线；受力瓷瓶应绑双花，终端绑回头。

4. 电气设备上工作的安全技术措施有哪些？

答:电气设备上工作的安全技术措施有停电、验电、装设接地线、悬挂警告牌和装设遮栏。

5. 什么是降压启动？三相交流异步电动机在什么情况下可以采用降压启动？

答:将额定电压的一部分加在电动机定子绕组的启动方法是降压启动。空载或轻载的场合可以采用降压启动。

6. 三相异步电动机的调速方法有哪几种？笼型异步电动机采用什么方法调速？

答:三相异步电动机的调速方法有三种：①调磁极对数调速；②调频率调速；③改变转差率调速。笼型异步电动机常采用调磁调速的方法。

7. 什么是保护接地？什么是保护接零？

答:在三相三线制电力系统中，将电气设备的外壳与大地作可靠的金属连接称为保护接地。在三相四线制电力系统中将电气设备的外壳与零线可靠地连接称为保护接零。

8. 安装电气测量仪表的原则是什么？

答:必须符合电力系统和电力设备运行监督的要求及仪表本身的安装地点、温度、湿度和安装方法等要求，力求技术先进、经济合理、准确可靠、监视方便。

9. 为了确保电动机正常而安全运行，电动机应具有哪些综合保护措施？

答：①短路保护；②过载保护；③接地保护；④欠压和失压保护。

10. 电气绝缘安全用具怎样分类？

答：电气绝缘安全用具分为两大类。

(1)基本安全用具：如绝缘棒、绝缘夹钳、试电笔。

(2)辅助安全用具：如绝缘手套、绝缘靴、绝缘垫、绝缘台。

11. 照明和电热设备的熔丝怎样选择？

答：在一般线路中，熔丝的额定电流大于或等于负载电流即可。如果是安装在电度表出线上的总熔丝，其额定电流应小于或等于电度表的额定电流。

12. 变、配电所中，常用的灯光信号有哪几种？

答：变、配电所的灯光信号一般可分为指示灯和光字牌两类。指示灯包括合闸指示灯——红色；分闸指示灯——绿色；操作电源指示灯——白色。光字牌用来指示事故信号和预告信号的种类。

13. 什么是有腐蚀性的场所？

答：有腐蚀性的场所是指在生产中，有酸性、碱性、盐等腐蚀性蒸气或气体的场所，如电解车间、电镀车间和蓄电池室等。

14. 我国电力线路有哪些电压等级？

答：我国电力线路的电压等级为220 V、380 V、3 kV、6 kV、10 kV、35 kV、60 kV、110 kV、220 kV、330 kV和500 kV等。

15. 架空线路的弧垂主要根据什么条件来计算？

答：要根据导线的机械强度、档距的大小、气温的高低、最大风速、覆冰厚度等条件来计算。

16. 电源内部电荷移动和电源外部(外电路)电荷移动是怎样形成的？

答：电源内部电荷移动是外力把单位正电荷由电源的负极经电源内部移到正极；电源外部电荷移动是当外加电场中导体两端具有电位差时，电子受到电场力的作用而形成有规则的定向移动。

17. 电路主要由哪几部分组成？它们在电路中各起什么作用？

答：电路主要由电源、负载和连接导线三部分组成。电源是电路能量的提供者，它把其他形式的能量转换成电能；负载把电能转换为其他形式的能量；连接导线则把电源和负载连接成闭合回路，组成一个完整的电路，起传输和分配电能的作用。

18. 额定电压相同、额定功率不同的两个灯泡能否串联使用？简述原因。

答：额定电压相同、额定功率不同的两个灯泡不能串联使用。根据 $I_{额}=P_{额}/U_{额}$ 可知，两个灯泡的额定电流不等。如果串联使用，通过的是相同的电流。在满足一个灯泡的额定电流正常工作时，另一个灯泡通过的电流就会小于额定电流不能正常发光或大于额定电流而使灯泡过热损坏。

19. 测量误差分为哪几类？引起这些误差的主要原因是什么？

答：测量误差可分三类：①系统误差；②偶然误差；③疏忽误差。引起这些误差的主要原因是测量仪表不够准确，人的感觉器官反应能力限制，测量经验不足，方法不适当和不完善等。

20. 平时所讲负载增加，通常是指负载电流增加还是负载电压增加？

答：负载增加常指电路的输出功率增加，电源的负担增加。在电源电压近似不变的供电系统中，负载所得到的功率 $P=U^2/R=UI$，负载增加即是负载电流增加，相当于负载电阻的减小；而在电源输出电流近似不变的供电系统中，负载所得到的功率 $P=UI=I^2R$，负载增加即为负载电压增加，相当于负载电阻的加大。

21. 一个负载的额定功率大，是否等于说它消耗的能量多？

答：一个负载的额定功率是指该负载长期工作时的限额。在实际工作中所消耗的功率不一定就等于额定功率。若负载工作在额定状态，其消耗的能量除与功率大小有关，还与时间有关，即 $W=Pt$，因此不能说一个负载的额定功率大，它消耗的能量就多。

22. 有两个电阻，其中一个电阻的阻值比另一个大得多，在串联使用时，哪一个电阻的作用可以忽略不计？在并联使用时，哪一个电阻的作用可以忽略不计？

答：电阻串联时总电阻为各串联电阻之和，所以阻值小得多的那个电阻的作用可以忽略不计；电阻并联时总电阻为各并联电阻倒数和的倒数，因此阻值大得多的那个电阻的作用可以忽略不计。

23. 什么是电路的节点、支路、回路和网孔？

答：电路中汇聚三条或更多条支路的端点称为节点；连接任意两节点之间无分支的部分电路称为支路；回路就是沿支路闭合的路径，回路的终端也是它的始端；网孔是回路的一种，网孔是一个在其中不包含任何其他回路的回路。

24. 什么是磁体？什么是磁极？

答：物质具有吸引铁、镍、钴等物质的性质称为磁性。具有磁性的物体是磁体。磁体上磁性最强的部分称为磁极。一个磁体总是存在有两个磁极:北磁极 N 和南磁极 S。

25. 右手定则(发电机定则)应用在什么场合?

答:右手定则(发电机定则)是用来确定导体在磁场中运动切割磁力线时导体中产生的感应电动势方向的定则。伸开右手,让拇指与其余四指垂直并都与手掌在同一平面内。假想将右手放入磁场,让磁力线从掌心垂直地进入,使拇指指向导体运动方向,这时其余四指所指的就是感应电动势的方向。

26. 左手定则(电动机定则)应用在什么场合?

答:左手定则(电动机定则)是用来确定通电导体在外磁场中受电磁力方向的定则。伸开左手,让拇指与其余四指垂直,并都与手掌在同一平面内。假想将左手放入磁场中,让磁力线从手心垂直地进入,使四指指向电流的方向,这时拇指所指的就是磁场对通电导体作用力的方向。

27. 电磁铁通电后为什么会产生吸力?

答:电磁铁的励磁线圈通电后,在线圈周围产生磁场。当在线圈内放入铁磁材料制成的铁芯时,铁芯即被磁化而产生磁性。对于电磁铁来说,励磁线圈通电后产生的磁通经过铁芯和衔铁形成闭合磁路,使衔铁也被磁化,并产生与铁芯不同的异性磁极,从而产生吸力。

28. 什么是电磁感应、感应电动势、感应电流?

答:通过回路的磁通发生变化时,在回路中产生电动势的现象称为电磁感应。这样产生的电动势称为感应电动势。如果导体是闭合回路,将有电流流过,其电流称为感应电流。

29. 我国常用的电工指示仪表的准确度分几级?

答:准确度用来表示仪表的准确程度,又称准确度等级。准确度等级越高,则仪表测量误差就越小。常用的指示仪表准确度等级分为七级,即 0.1 级、0.2 级、0.5 级、1.0 级、1.5 级、2.5 级、5.0 级。

30. 什么是基尔霍夫定律?

答:基尔霍夫定律是确定任意形式的电路中各节点电流之间与各回路电压之间所遵循的普遍规律的电路定律。它包括两个定律,基尔霍夫第一定律:在任一时刻流入某一节点的电流之和等于从该点流出的电流之和;基尔霍夫第二定律:在电路中任取一闭合回路,并规定正的绕行方向,其中电动势的代数和等于各部分电阻(阻抗)与电流乘积的代数和。

31. 什么是自感和自感电动势?怎样判定自感电动势的方向?

答:由于流过线圈本身的电流发生变化而引起的电磁感应是自感应,简称自感。由自感现象产生的电动势称为自感电动势，简称自感电势。自感电动势的方向可以根据楞次定律来判定。

32. 什么是互感和互感电动势？怎样判定互感电动势的方向？

答：由于一个线圈中电流发生变化，而在另一个线圈中产生感应电动势的现象称作互感现象，简称互感。由互感现象产生的感应电动势是互感电动势。表示互感电动势的方向应以互感磁通的方向为准，并用楞次定律确定，或利用线圈之间的“同名端”进行判定。

33. 什么是直流电、稳恒直流电？什么是交流电？

答：方向不随时间变化的电流称为直流电，简称直流。若方向和大小都不随时间变化的电流称为稳恒直流电。方向和大小都随时间做周期性变化的电流称为交流电，简称交流。

34. 什么是交流电的有效值？在正弦交流电路中，有效值与最大值之间有怎样的数量关系？

答：有效值是一种用来计量交流电大小的值。若交流电通过一个电阻，在一个周期中所产生的热量与直流电通过同一电阻在相同时间内产生的热量相同，则这直流电的数值称为交流电的有效值。在正弦交流电路中，最大值是有效值的 2 倍。

35. 试电笔的结构是什么？

答：试电笔是用来检验导体是否带电的安全用具，由金属探头、氖泡、安全电阻、弹簧等组成。

36. 使用试电笔时应注意哪些事项？

答：(1)手必须接触试电笔尾部金属体(笔钩)，否则不形成测试回路；

(2)测试前应设法证明试电笔性能是否良好；

(3)在光线充足的场合测试时，不易看清氖泡的红光，需遮光仔细观察；

(4)设备不带电的外壳往往因感应带电，但不一定会造成触电危险，必要时用万用表或其他仪器判断。

37. 试电笔的工作原理是什么？

答：工作原理为带电体与试电笔、人体、大地构成测试回路，产生测试电流(电流很小，人体无感觉)，使氖泡发出红光以示被测导体有电。

38. 什么是欧姆定律？

答：理想电阻器端电压正比于电阻器中电流。

39. 照明和电热设备的熔断器熔丝如何选择？

答：照明和电热设备的熔丝电流通常为大于或者等于照明和电热设备的额定电流即可，但要与线路的电度表配合好，其大小关系为电度表额定电流≥熔丝额定电流≥负载电流。

40. PN 结是如何形成的？

答：P 型半导体与 N 型半导体相结合，由于多子的浓度差异而产生扩散现象，并在交界面两侧产生空间电荷区，形成内电场并不断增强。内电场的存在一方面阻止多子的进一步扩散，另一方面产生少子的漂移现象。随着扩散的减弱，漂移的增强，当二者达到动态平衡时，空间电荷区及内电场相对稳定，PN 结便形成了。

41. 万用表能进行哪些参数的测量？

答：常用万用表能测量交、直流电压，直流电流和直流电阻，比较高级的万用表还能测量电容、电感、功率以及晶体管直流放大倍数 β 值。

42. 什么是非绝缘安全用具？

答：非绝缘安全用具是指那些本身不具有绝缘性能，而有重要安全作用的用具，如接地线、安全标牌、防护眼镜、移动防护遮栏等。

43. 常用的滤波器有哪几种？

答：①电感滤波器；②电容滤波器；③L 型，即电感与电容组成的滤波器；④π 型：LCπ 型滤波器、RCπ 型滤波器。

44. 三相异步电动机绕组的构成原则是什么？

答：三相绕组必须对称分布，每相的导体材质、规格、匝数、并绕根数、并联支路数等必须完全相同；每相绕组的分布规律要完全相同；每相绕组在空间位置上要互差 120°电角度。

45. 铁磁材料具有哪些磁性能？

答：(1)磁化性，即能磁化，因而能被磁体吸引；

(2)磁滞性，即在反复磁化过程中，磁感应强度 B 的变化总是滞后于磁场强度 H 的变化；

(3)剩磁性，即铁磁材料被磁化后，取消外磁场仍能保留一定的磁性；

(4)磁饱和性，即铁磁材料在被磁化时，B 有一个饱和值，达到此值后，B 不再增加；

(5)高磁导率及磁导率 μ 的可变性，即铁磁物质的 μ 都很大，但不是常数，且一定的铁磁材料有一个最大的磁导率 μ_m。

46. 说明磁场强度与磁感应强度的区别。

答:磁场强度用 H 表示,磁感应强度用 B 表示,二者都可以描述磁场的强弱和方向,并且都与激励磁场的电流及其分布有关。但是,磁场强度与磁场介质无关,而磁感应强度与磁场介质有关。磁感应强度的单位是 T,而磁场强度的单位是 A/m。在定性地描述磁场时多用磁感应强度,而在计算磁场时多用磁场强度,它与电流呈线性关系。

47. 简述铁磁材料的分类、特点及用途。

答:根据铁磁材料在反复磁化过程中所得到的磁滞回线不相同,通常将其分为三大类。

(1)软磁材料,其特点是易磁化也易去磁,磁滞回线较窄,常用来制作电机、变压器等的铁芯;

(2)硬磁材料,其特点是不易磁化,也不易去磁,磁滞回线较宽,常用来做永久磁铁、扬声器磁钢等;

(3)矩磁材料,其特点是在很小的外磁作用下就能磁化,一经磁化便达到饱和,去掉外磁后,磁性仍能保持在饱和值,常用来做记忆元件,如计算机中存储器的磁芯。

48. 10 A 的直流电流和最大值为 12 A 的正弦交流电流分别通过阻值相同的电阻,在同一时间内,哪个电阻的发热量大?

答:直流电通过的电阻发热量大。因为最大值为 12 A 的正弦交流电,其有效值 $I=\frac{1}{\sqrt{2}}\times 12\ \text{A}\approx 8.49\ \text{A}<10\ \text{A}$。根据 $P=I^2R$,当电阻值相同时,电流大的发热量大。

49. 直接测量电流、电压时,为什么仪表的读数总是比实际值要小?

答:直接测量电流时,将电流表与负载串联,由于电流表的内阻并非为零,就使得总电阻有所增加,因此测得电流有所减小。直接测量电压时,是将电压表与负载并联,由于电压表的内阻并非无穷大,就使得总电阻有所减小,因而分压所得的电压有所减少,测得的电压也有所减小。

50. 电工仪表的误差有哪几种表达方式?

答:电工仪表的误差有三种表达方式。

(1)绝对误差:测量值与被测量实际值之间的差值称为测量的绝对误差;

(2)相对误差:指绝对误差和被测量实际值之比的百分数;

(3)引用误差:这是一种能表示仪器本身性能优劣的误差表示法,定义为绝对误差与仪表测量上限比值的百分数。

51. 什么是测量误差?

答:在进行电气测量时,由于测量仪器的精度和人的主观判断的局限性,无论怎样进行测量，无论用什么方法进行，测得的结果与被测量实际值之间总会存在一定的差别，这种差别就称为测量误差。

52. 测量误差分哪几种？

答：测量误差分为三类。

(1)系统误差：这是一种由于仪器不够完善，使用不恰当，采用近似公式的测量方法以及温度、电场、磁场等外界因素对仪表影响所产生的测量误差；

(2)偶然误差：这是一种由于周围环境对测量结果的影响所产生的误差，如偶然振动，频率、电压的波动等；

(3)疏失误差：这是由于测量人员疏失所造成的严重歪曲测量数值的误差，如读数有误、记录有差错等。

53. 磁电系测量机构为什么不能直接用于交流电的测量？

答：因为磁电系测量机构中的永久磁铁产生的磁场方向恒定不变，如果线圈中通入交流电，会因为电流方向的不断改变，转动力矩方向也随之发生改变。其可动部分具有惯性，就使得指针在原处几乎不动或做微小的抖动，得不到正确读数，所以磁电系测量机构不能直接用于交流电的测量。

54. 为什么电磁系电压表的内阻较小，表耗功率较大？

答：因为电磁系仪表的磁场较弱，只有当测量机构的满偏电流比较大时，才能达到一定的磁化力，使铁芯磁化，产生足够的转动力矩。因此，电磁系电压表的内阻较小，每伏只有几十欧，表耗功率较大。

55. 模拟式万用表由哪几部分组成？

答：模拟式万用表由表头(测量机构)、测量线路和量程与功能选择开关三部分组成。

56. 万用表的直流电流测量线路中，为什么多采用闭路式分流电路？

答：因为闭路式分流电路中，转换开关的接触电阻与分流电阻的阻值无关，即使接触不良或带负荷转换量程，对表头也不会有什么不良的影响，能保证测量的准确和仪表的安全。若采用开路式分流电路，则其接触电阻将串入分流电阻，增大误差。而且接触不好或带负荷转换量程时，大电流将直接通过表头，烧坏表头。

57. 电磁系交流电流表为什么一般不宜用来测量直流电流？

答：电磁系测量机构中的铁片具有磁滞特性，由此形成磁滞误差。如果用一般的交流电磁系仪表测直流电，则不仅指示值不稳定，而且误差将增大10%左右。因此电磁系交流电流表不宜用来测直流电流。

58. 为什么测量绝缘电阻要用兆欧表而不能使用万用表?

答:如果用万用表来测量绝缘电阻,测得的只是在低压下的绝缘电阻值,不能反映在高压条件下工作的绝缘性能。兆欧表本身带有电压较高的直流电源,能得到符合实际工作条件的绝缘电阻值。

59. 用兆欧表进行测量时,应该怎样接线?

答:兆欧表有三个接线柱,其中一个为 L,一个为 E,还有一个为 G(屏蔽)。测量电力线路或照明线路时,L 接线柱与被测线路相连接,E 接线柱接地线。测量电缆的绝缘电阻时,为使测量结果准确,消除线芯绝缘层表面漏电流所引起的测量误差,应将 G 接在电缆的绝缘层上,L 接线芯,E 接外层。

60. 为什么测量具有大电容设备的绝缘电阻时,读取被测数据后不能立即停止摇动兆欧表的手柄?

答:测量具有大电容设备的绝缘电阻时,电容器已被充了较高的电压,带有较多的电量。如果读数后立即停止摇动兆欧表手柄,已被充电的电容将向兆欧表放电,有可能损坏兆欧表。所以应该继续摇动手柄,待断开电容接线后再停止摇动,并对电容进行放电处理。

61. 为什么兆欧表要按电压分类?

答:各电气设备根据使用电压不同,其绝缘电阻要求也不同。高压电气设备绝缘电阻要大,否则就不能在高电压的条件下工作。如果用低压兆欧表测量高压设备,由于高压设备绝缘层厚,电压分布则比较小,不能使绝缘介质极化,测出结果不能反映实际情况。如果低压设备用高压兆欧表测量,其绝缘材料很可能被击穿。因此兆欧表要按电压分类,按设备的实际工作电压进行相适应的测量。

62. 如何使用转速表进行测量? 在使用时应注意哪些事项?

答:电工常用手持式转速表用于测量电动机等的转速或线速度。测量时,应首先将转速表量限调到所要测量的范围内,测轴与被测轴不得顶得过紧,以两轴接触不相对滑动为原则。测轴与被测轴接触时,动作应缓慢,同时使两轴保持在同一轴线上。使用时不得用低速范围测高转速。应经常加注润滑油。

63. 什么是短路和短路故障? 怎样防止短路故障的危害?

答:短路是指电路中某两点由一阻值可以忽略不计的导体直接接通的工作状态。短路可发生在负载两端或线路的任何处,也可能发生在电源或负载内部。若短路发生在电源两端,此时回路中只存在很小的电源内阻,会形成很大的短路电流,致使电源损坏。所以电源短路是一种严重的故障,应尽量避免。但在电路中为了达到某种特定目的而采用的部分短路(短接),不能说成是故障。为了防止短路故障的危害扩大,通常在电路中接入熔断器或自动断路器来进行保护。

64. 组合开关和按钮有何区别?

答:组合开关在机床电路中一般作为电源的引入开关,供不频繁接通和断开的电路用。不直接控制电动机的启动、停止,只可直接控制小容量电动机的启动、停止,也可以用于不频繁地通、断机床照明电路,其特点是所通过的是电路的工作电流。按钮不直接通过工作电流,它的作用主要是在弱电流的控制电路中发出信号,去控制接触器等电器,再间接实现对主电路电流通断和转换的控制。

65. 中间继电器和交流接触器有何异同?在什么情况下中间继电器可以代替交流接触器启动电动机?

答:中间继电器的结构和工作原理与交流接触器相似,不同之处是中间继电器的触头数较多,触头容量较小,且无主、辅触头之分,并无单独的灭弧装置。当被控制电动机的额定电流不超过 5 A 时,可以用中间继电器代替交流接触器控制电动机的启动和停止。力不足,动铁芯释放,触头断开使电动机停转,得到欠压保护。

66. 日光灯的启辉器是怎样工作的?

答:日光灯启辉器串联在两灯丝之间的电路中。当开关闭合,电路接通时,电源电压加在启辉器中氖管的动、静触头之间产生辉光放电,辉光产生的高温使双金属片触头闭合,点燃日光灯灯丝。触头闭合,辉光消失,温度迅速下降,导致触点被打开,在镇流器上产生较高的自感电动势,与电源电压一道加在灯管两端,击穿管内间隙,日光灯正常工作。

67. 白炽灯一般都应用在哪些场合?

答:①照明度要求不高的厂房、车间;②需要局部照明的场所和事故照明灯;③开关频繁的信号灯或舞台用灯;④电台或通信中心以及为了防止气体放电而引起干扰的场所;⑤需要调节光源亮暗的场所;⑥医疗用的特殊灯具。

68. 车间布线有哪些常用方式?各适用于什么场所?

答:车间内布线的方式有钢管布线、塑料管布线和瓷瓶布线。其中钢管布线适用于容易发生火灾和有爆炸危险的场所,线路容易被损伤的地方也常采用钢管布线;塑料管布线主要应用于有腐蚀危害的场所;而瓷瓶布线则适用于用电量大和线路较长的干燥或潮湿的场所。

69. 使用钳形电流表应该注意哪些问题?

答:①根据被测对象正确选择不同类型的钳形电流表;②选择表的量程;③被测导线需置于钳口中部,钳口必须闭合好;④转换量程时,先将钳口打开再转动量程挡;⑤注意选择钳形电流表的电压等级;⑥测量时注意安全。

70. 在电动机控制电路中,能否用热继电器作短路保护?简述原因。

答:由于热继电器的双金属片在通过短路电流而动作时存在惯性,故动作需要一定的时间,这样热继电器在短路时不能立即动作断开电源,对电动机不会起到可靠的短路保护作用。故在电动机的控制电路中不能用热继电器作短路保护,而用熔断器承担这一任务。

71. 使用电流表、电压表测量时应注意什么?

答:(1)使用电流表或电压表前对要测的数据大概估计一下,使要测的数据在表的量程范围之内,其数据若在表量程的 1/2～2/3 左右较为准确。

(2)直流电压表或电流表要注意正负极,不要接错,以免损坏仪表。

(3)绝对避免电流表与电源并联,电压表与负载串联。前者使电源短路,并且烧坏仪表,后者使负载不能工作。

72. 什么是继电保护?

答:对送配电线路、变压器、发电机、开关电气设备、动力照明装置及一次系统的运行、工作状况进行测量、监视、控制的保护装置,操作电源控制电器和用控制电缆连成的回路是继电保护。

73. 继电保护的作用是什么?

答:当电力系统出现不正常的运行方式,能及时发出信号或报警。若电力系统发生故障,应能迅速、有选择地将故障部分从电力系统中切断,最大限度缩小故障范围。

74. 什么是倒闸操作?

答:倒闸操作是将电气设备的一种状态转换为另一种状态,如分断和接通刀开关、自动开关、高压隔离开关、高压断路器、交直流操作回路、整定自动保护装置以及安装或拆除临时接地线等。

75. 变电所停送电时,开关操作顺序是怎样的?

答:变电所某回路停电时,应先将断路器分断,然后拉开负荷侧隔离开关,最后拉电源侧隔离开关。送电时,先合电源侧隔离开关,然后合负荷侧隔离开关,最后合断路器。

76. 电气工作人员必须具备哪些条件?

答:(1)经医师检查无妨碍电气工作的疾病。

(2)具备必要的电气知识和熟悉电气作业的有关规程。经政府相关部门考核合格,并取得特种作业操作证者。

(3)学会紧急救护法、触电急救法以及人工呼吸法。

77. 电工常用的工具有哪些？

答：电工常用工具通常分为个人携带工具和共用工具两大类。

(1)个人携带工具：钢丝钳、尖嘴钳、剥线钳、电工刀、扁口一字旋具、十字旋具、活动扳手、低压试电笔、钢卷尺等。

(2)共用工具：锉刀、手锤、钢锯、手电钻、台钻、砂轮机、台虎钳、压接钳、断线钳、各种扳手、小型起重设备、皮尺、电烙铁、喷灯、安全带、脚扣、紧线器、人字梯、弯管器、高压试电笔、绝缘棒、套丝机、割管刀、叉杆、抱杆等。

78. 什么是导线的安全载流量？有哪些影响因素？

答：导线的安全载流量是指某截面导线在不超过它最高工作温度的条件下，长期通过的最大电流值。直接影响导线载流量的原因是多方面的，如导线材质与类型、绝缘材料的耐热等级以及环境温度和敷设方式。因此决定导线的安全载流量应根据具体情况综合考虑。

79. 常用导线有哪些？各有什么用途？

答：常用导线可分为绝缘导线、裸导线两种，其线芯为铜铝。

(1)绝缘导线：①普通绝缘导线主要用于部分低压配电线路、动力照明、小容量的低压电气设备以及各种控制线路中。②漆包线主要用于中小型电动机、变压器以及各种电气设备、自动化电子设备的线圈等。③护套线主要应用于电器、仪表和电子设备及自动代装置用电源线、控制线及信号传输线。

(2)裸导线：铝绞线、铜绞线、钢芯铝绞线，主要用于架空外线。

80. 绝缘材料共划分多少耐热等级，其最高允许工作温度是多少？

答：绝缘材料共分七个耐热等级。①Y 级：最高允许工作温度为 90 ℃。②A 级：最高允许工作温度为 105 ℃。③E 级：最高允许工作温度为 120 ℃。④B 级：最高允许工作温度为 130 ℃。⑤F 级：最高允许工作温度为 155 ℃。⑥H 级：最高允许工作温度为 180 ℃。⑦C 级：最高允许工作温度为 180 ℃以上。

81. 塑料护套线的主要敷设方法和要求有哪些？

答：塑料护套线具有防潮、耐腐蚀之性能，可用铝片卡支持，直接敷设在墙表面。其主要方法和要求如下：

(1)定位划线：起点和终点位置确定后，用粉线袋按导线走向划出水平和垂直线。按安装要求每隔 150～300 mm 划出铝片卡固定位置，但距离开关、插座、灯具台 50 mm 处和导线拐弯两边 80 mm 处应设铝片卡。

(2)固定铝片卡：在混凝土建筑物上可采用环氧树脂粘接固定铝片卡。木结构可用钉子固定，在抹灰的墙上可用钢钉固定，或用环氧树脂粘接固定，不过环氧树脂粘接固定周期较长，需 2 天左右养护固化。

(3)敷设塑料护套线:若水平且短距离敷设,可按实际需要将线剪断,一手持线,另一手固定导线。若线路较长,导线根数多且平行敷设时,可用绳子将导线吊起来,把导线逐根扭平固定。然后稍加拍打,使导线紧贴墙面,自上而下垂直敷设。转角处弯曲导线用力均匀,弯曲半径不小于导线宽度的 3 倍。导线穿过墙和楼板或易受机械损伤的场所应穿保护管。导线接头应放在接头盒内,但最好放在插座开关灯头处。敷设导线与不发热的管道贴紧交叉时,应加绝缘管保护。导线敷设竣工后应横平竖直,整齐美观,符合规范要求。

82. 架空线路的导线在绝缘子上绑扎应注意哪些事项?

答:(1)导线在绝缘子上绑扎要紧、牢固,使导线不得移位和与瓷件摩擦,但不能使导线过分弯曲、变形,否则不但损伤导线,还会因导线张力过大而使绑线崩断。

(2)若导线为绝缘导线,应采用有包皮的绑线,裸导线采用与裸导线相同材料作绑线,其直径不得小于 2 mm,铝镁合金则应使用铝线作绑线。

(3)绑扎时不应损伤导线和绑线。

(4)绑扎在绝缘子颈部槽内,其绑线要讲求工艺,排列有序,不应乱缠或重叠,且绑线不应有接头。

83. 电压表与电流表有什么区别?

答:电压表与电流表的测量机构是相同的,但是有一些区别。

(1)由于测量对象不同,所以测量线路不同。电压表的测量机构常与一个或几个高阻值的电阻串联,因此电压表具有很高的内阻。电流表的测量机构常并联阻值很低的分流电阻,因此电流表具有很低的内阻。

(2)测量方法不同。测量时,电压表与被测电路并联连接,电流表与被测电路串联连接。

84. 敷设电缆时,路径的选择原则是什么?

答:原则是造价经济、方便施工和安全运行。

(1)投资少、距离短、拐弯少。

(2)尽量避免穿越公路、各种管道、房屋建筑和电缆沟道。

(3)尽量远离机械振动大、化学腐蚀强的场所。

(4)户外路径的选择,要考虑便于开挖电缆沟,土壤不应过分干燥以利于电缆散热。户内路径的选择要考虑防火通风良好,方便检查和维修。

85. 敷设电缆为什么要留有备用长度?一般在哪些位置留有备用长度?

答:为了补偿电缆运行时由于温度变化引起的伸缩,同时为了满足在事故情况下重做电缆头的需要,一般在下列位置留有备用长度:①穿保护管时,管的两端;②电缆头与中间接头处;③由垂直转为水平方向的拐弯处;④人孔及电缆井内;⑤建筑物的伸缩缝外;⑥引入或引出建筑物、隧道等处;⑦直接埋设的电缆,应按电缆沟全长的 0.5%~1.0%留出备用长度,并做波形敷设。

86. 常见应该接地或接零的电气设备有哪些？

答:①电机、变压器、多油开关及其他电气设备的底座及外壳；②电气设备的传动装置及操作机构等；③室内外配电装置的构架及金属遮栏等；④配电盘及控制台的框架；⑤室内外穿线的金属管；⑥电流、电压互感器的二次线圈；⑦电缆的金属外皮；⑧架空线路的金属杆、塔。

87. 有哪些可利用的自然接地体？

答:除发电厂、变电所的接地装置外，接地体应尽量采用自然接地体。可用作自然接地体的有：①敷设在地下的各处金属管道(可燃或有爆炸介质的管道除外)；②与大地有可靠性连接的建筑物及构筑物的金属结构；③水工构筑物及类似构筑物的金属桩；④金属井管。

88. 常用绝缘安全用具有哪些？

答:高压基本安全用具有绝缘杆、绝缘夹钳和高压试电笔；辅助安全用具有绝缘手套、绝缘靴和绝缘台等。低压基本安全用具有绝缘手套、带绝缘柄的工具等；辅助安全用具有绝缘垫、台和绝缘靴等。

89. 常见的爆炸危险场所有哪些？

答:常见爆炸危险场所有汽油库、汽油泵房、液化石油气站、乙炔发生间、氧气车间、浸漆干燥间和喷漆车间等；室外装置的如易燃液体注送口周围 20 m 以内；输送或贮存易燃液体设备的安全阀、放空阀、呼吸阀周围与 5 m 以内等区域。

90. 常见的多尘场所有哪些？电气安装应注意什么？

答:常见的多尘场所有制米厂、造纸厂、纺织厂和水泥厂等。电气安装时应注意：

(1)瓷瓶配线应使用橡皮或塑料绝缘导线，线间距离在 7 cm 以上，与建筑物间距离应大于 3 cm；

(2)穿管配线时，保护管的端口应按规定密封；

(3)开关设备及熔断器应装在密封的防尘箱内；

(4)照明应选用全封闭型防尘灯。

91. 安装负荷开关时，有哪些技术要求？

答:①负荷开关的型号、规格必须符合设计要求；②开关应完整无损，闸刀不得有变形，消弧装置应完好；③闸刀的张开角不小于 58°或符合制造厂的规定；④操作机构灵活，不应有卡涩现象；⑤熔断器应无松动，接触必须良好；⑥负荷开关不允许水平安装。

92. 为什么说 PN 结具有单向导电性？

答:PN 结正偏时，外电场与内电场的方向相反，使内电场被削弱，空间电荷区减少，阻挡层变薄，扩散现象占优势，由多子形成较大的正向电流，称 PN 结导通；当 PN 结反偏时，外电场与内电场方向相同，使内电场被加强，空间电荷增加，阻挡层变厚，漂移电流占优势，由少子形成极小的反向电流，相当于没有电流通过，称 PN 结截止。由于 PN 结正偏导通、反偏截止，所以说 PN 结具有单向导电性。

93. 常用的晶体管整流电路有哪几种？

答：(1)半波整流电路：分单相半波、单相半波可控、三相半波及三相半波可控；

(2)全波整流电路：分单相全波、单相全波可控；

(3)桥式整流电路：分单相桥式、单相桥式可控、三相桥式、三相桥式半控、三相桥式全控；

(4)倍压整流以及特殊整流电路等。

94. 安装电能表有什么具体规定？

答：(1)电能表中心至地面一般为 1.5～1.8 m，装于立式盘上一般为 0.7 m；

(2)电能表应装在干燥、无振动、无强磁场、无腐蚀性气体、非燃、非爆炸场所，不应装在温度过高或过低的场所，并且应防水；

(3)电能表应装在明显的地点，方便读数和监视；

(4)电能表应垂直安装，倾斜不超过 2°；

(5)多只电能表并列安装，两表间的中心距离不小于 200 mm；

(6)不同电价的线路应分别装表；

(7)单相供电时，装单相表；二相、三相供电时，装三相表；

(8)负荷电流大，并超过直接式电能表的最大值时，应装电流互感器。

95. 使用万用表应注意哪些问题？

答：(1)注意挡位的选择，在测量前应先看一下万用表转换开关放在哪一挡位，不要拿起表笔就进行测量。

(2)在测量电压或电流时，若对其数据估计不足，可以先放大量程挡进行测量，量程不合适再逐步减小量程。

(3)测量用电设备或线路的电阻时，应将其断电并放电后再进行，否则不但读数不准确，还很容易烧坏表头。测量大电阻时，不能用两手同时接触表笔带电部分，否则读数误差大。

(4)万用表应放置平稳，表笔插入位置正确。量程的选择以表针指向满刻度的 1/2～2/3 位置时，测得的数据比较准确。

(5)测量高压时应有安全措施，要保证人身和仪表的安全。

(6)测量某数据要看清挡位对应的刻度，与其他挡位不要混淆。

(7)在变换挡位时应先停止测量，特别是测量大电流时，不能带电变换转换开关位置，否则将烧坏万用表。

(8)测量完毕，应将转换开关放在电压挡的最大量程上。

96. 电压、电位及电动势有何异同?

答:电压是在电场(或电路)中两点之间的电位差。它是单位正电荷在电场内这两点间移动时所做的功,是表示电场力做功的本领。电压是由高电位指向低电位,即电位降的方向。电位是电场力把单位正电荷从电场中某点移到参考点所做的功,功越多则表明该点的电位越高。电位具有相对性。电动势是表示非电场力(外力)做功的本领,是由低电位指向高电位,即电位升的方向。电动势仅存在于电源内部,而电压不仅存在于电源内部,还存在于电源外部。它们的单位均是伏(V)。

S1　常用电工工具的使用Ⅰ

一、考场准备

要求场地内有照明、三相电源、用电试运行工作台(操作台)、木质安装板、电工常用工具、万用表、木螺栓、导线、编码套管、行线槽及仪器材料明细表上所列元件等。

二、材料工具准备

1. 准备以下所需试品、仪器、材料:

序　号	仪器、材料名称	型号及规格	数　量	备　注
1	验电笔		1	
2	剥线钳		1	
3	电工刀		1	
4	尖嘴钳		1	
5	钢丝钳		1	
6	喷　灯		1	

2. 以下由考生自备:

序　号	名　称	型号及规格	数　量	备　注
1	劳动保护用品		1	

三、考核内容及要求

1. 考核内容

常用电工工具的使用Ⅰ。

2. 考核时限

(1)准备时间:10 min。

(2)正式操作时间:30 min。

(3)规定时间内完成不加分,也不扣分;每超过 1 min 扣 2 分,超过 5 min 停止作业。

3. 考核评分

(1)3 名及以上考评员。

(2)按考核评分记录表中规定评分点各自独立评分,取平均分为评定得分。

(3)满分为 100 分,60 分为及格。

职业技能等级认定
电工(初级)实作技能考核评分记录表

单位:________　姓名:________　性别:_____　准考证号:________　工种:________　级别:________

试题名称:常用电工工具的使用Ⅰ　　考核时间:30 min

操作开始时间:　时　分　　操作结束时间:　时　分

项目	分数	序号	考核技术要求及评分标准	配分	扣分	得分	备注
操作技能	90	1	正确使用验电笔进行测量,违反操作规程,每次扣2分	20			
		2	正确使用剥线钳进行操作,不正确每次扣2分	20			
		3	正确使用电工刀进行操作,不正确每次扣2分	20			
		4	正确使用尖嘴钳进行操作,不正确每次扣2分	10			
		5	正确使用钢丝钳进行操作,不正确每次扣2分	10			
		6	正确使用喷灯进行操作,不正确每次扣2分	10			
安全生产	10	7	未按规定佩戴劳动保护用品,每处扣2分	5			
		8	作业中出现危及人身安全现象,扣5分	5			
合计	100			100			

考评员签名:　　认定人:　　年　月　日

S2　常用电工工具的使用Ⅱ

一、考场准备

要求场地内有照明、三相电源、用电试运行工作台(操作台)、木质安装板、电工常用工具、万用表、木螺栓、导线、编码套管、行线槽及仪器材料明细表上所列元件等。

二、材料工具准备

1. 准备以下所需试品、仪器、材料:

序　号	仪器、材料名称	型号及规格	数　量	备　注
1	冲击钻		1	
2	断线钳		1	
3	压接钳		1	
4	高压验电器	10 kV	1	
5	组合旋具		1	
6	扳　手		1	

2. 以下由考生自备:

序　号	名　称	型号及规格	数　量	备　注
1	劳动保护用品		1	

三、考核内容及要求

1. 考核内容

常用电工工具的使用Ⅱ。

2. 考核时限

(1)准备时间:10 min。

(2)正式操作时间:60 min。

(3)规定时间内完成不加分,也不扣分;每超过 1 min 扣 2 分,超过 5 min 停止作业。

3. 考核评分

(1)3 名及以上考评员。

(2)按考核评分记录表中规定评分点各自独立评分,取平均分为评定得分。

(3)满分为 100 分,60 分为及格。

职业技能等级认定
电工(初级)实作技能考核评分记录表

单位:＿＿＿＿　姓名:＿＿＿＿　性别:＿＿＿　准考证号:＿＿＿＿　工种:＿＿＿＿　级别:＿＿＿＿

试题名称:常用电工工具的使用Ⅱ　　　　考核时间:60 min

操作开始时间:　　时　　分　　　　操作结束时间:　　时　　分

项目	分数	序号	考核技术要求及评分标准	配分	扣分	得分	备注
操作技能	90	1	正确使用高压验电器进行验电,违反操作规程,每次扣 2 分	20			
		2	正确使用冲击钻进行操作,不正确每次扣 2 分	20			
		3	正确使用断线钳进行操作,不正确每次扣 2 分	20			
		4	正确使用压接钳进行操作,不正确每次扣 2 分	10			
		5	正确使用组合旋具进行操作,不正确每次扣 2 分	10			
		6	正确使用扳手进行操作,不正确每次扣 2 分	10			
安全生产	10	7	未按规定佩戴劳动保护用品,每处扣 2 分	5			
		8	作业中出现危及人身安全现象,扣 5 分	5			
合计	100			100			

考评员签名:　　　　认定人:　　　　年　　月　　日

S3　常用电工工具的使用Ⅲ

一、考场准备

要求场地内有照明、三相电源、用电试运行工作台(操作台)、木质安装板、电工常用工具、万用表、木螺栓、导线、编码套管、行线槽及仪器材料明细表上所列元件等。

二、材料工具准备

1. 准备以下所需试品、仪器、材料:

序　号	仪器、材料名称	型号及规格	数　量	备　注
1	登高工具		1	
2	安全带		1	
3	绝缘拉杆		1	
4	绝缘手套、绝缘靴		1	
5	紧线钳		1	
6	电烙铁		1	

2. 以下由考生自备:

序　号	名　称	型号及规格	数　量	备　注
1	劳动保护用品		1	

三、考核内容及要求

1. 考核内容

常用电工工具的使用Ⅲ。

2. 考核时限

(1)准备时间:10 min。

(2)正式操作时间:30 min。

(3)规定时间内完成不加分,也不扣分;每超过 1 min 扣 2 分,超过 5 min 停止作业。

3. 考核评分

(1)3 名及以上考评员。

(2)按考核评分记录表中规定评分点各自独立评分,取平均分为评定得分。

(3)满分为 100 分,60 分为及格。

职业技能等级认定
电工(初级)实作技能考核评分记录表

单位:________　姓名:________　性别:_____　准考证号:________　工种:________　级别:________

试题名称:常用电工工具的使用Ⅲ　　　　　　　　　　　　　　考核时间:30 min

操作开始时间:　　时　　分　　　　　　　　操作结束时间:　　时　　分

项目	分数	序号	考核技术要求及评分标准	配分	扣分	得分	备注
操作技能	90	1	正确使用登高工具进行登高,违反操作规程,每次扣 2 分	20			
		2	正确使用安全带进行操作,不正确每次扣 2 分	20			
		3	正确使用绝缘拉杆进行操作,不正确每次扣 2 分	20			
		4	正确使用紧线钳进行操作,不正确每次扣 2 分	10			
		5	正确使用电烙铁进行操作,不正确每次扣 2 分	10			
		6	正确穿戴绝缘手套、绝缘靴,不正确每次扣 2 分	10			
安全生产	10	7	未按规定佩戴劳动保护用品,每处扣 2 分	5			
		8	作业中出现危及人身安全现象,扣 5 分	5			
合计	100			100			

考评员签名:　　　　　　　　　　认定人:　　　　　　　　　　年　　月　　日

S4　铜芯导线的连接

一、考场准备

要求场地内有照明、三相电源、用电试运行工作台(操作台)、木质安装板、电工常用工具、万用表、木螺栓、导线、编码套管、行线槽及仪器材料明细表上所列元件等。

二、材料工具准备

1. 准备以下所需试品、仪器、材料：

序　号	仪器、材料名称	型号及规格	数　量	备　注
1	铜芯导线		1	
2	剥线钳		1	
3	钢丝钳		1	
4	绝缘胶布		1	

2. 以下由考生自备：

序　号	名　称	型号及规格	数　量	备　注
1	劳动保护用品		1	

三、考核内容及要求

1. 考核内容

铜芯导线的连接。

2. 考核时限

(1)准备时间：10 min。

(2)正式操作时间：60 min。

(3)规定时间内完成不加分，也不扣分；每超过 1 min 扣 2 分，超过 5 min 停止作业。

3. 考核评分

(1)3 名及以上考评员。

(2)按考核评分记录表中规定评分点各自独立评分，取平均分为评定得分。

(3)满分为 100 分，60 分为及格。

职业技能等级认定
电工(初级)实作技能考核评分记录表

单位:________ 姓名:________ 性别:______ 准考证号:________ 工种:________ 级别:________

试题名称:铜芯导线的连接　　　　考核时间:60 min

操作开始时间:　　时　　分　　　　操作结束时间:　　时　　分

项目	分数	序号	考核技术要求及评分标准	配分	扣分	得分	备注
操作技能	80	1	按工艺要求进行直接连接,不符合工艺要求每处扣1分,连接不牢靠扣3分	30			
		2	按工艺要求进行T字连接,不符合工艺要求每处扣1分,连接不牢靠扣3分	50			
工具的使用及维护	10	3	正确使用工具,使用不当,每件扣2分	10			
安全生产	10	4	未按规定佩戴劳动保护用品,每处扣2分	5			
		5	作业中出现危及人身安全现象,扣5分	5			
合计	100			100			

考评员签名:　　　　认定人:　　　　年　　月　　日

S5 室内安装插座

一、考场准备

要求场地内有照明、三相电源、用电试运行工作台(操作台)、木质安装板、电工常用工具、万用表、木螺栓、导线、编码套管、行线槽及仪器材料明细表上所列元件等。

二、材料工具准备

1. 准备以下所需试品、仪器、材料：

序号	仪器、材料名称	型号及规格	数量	备注
1	护套线	30 m、2.5 mm^2	2	
2	锤子		1	
3	冲击钻		1	
4	插座		2	

2. 以下由考生自备：

序号	名称	型号及规格	数量	备注
1	劳动保护用品		1	
2	常用电工工具		1	

三、考核内容及要求

1. 考核内容

室内安装插座。

2. 考核时限

(1)准备时间:10 min。

(2)正式操作时间:90 min。

(3)规定时间内完成不加分,也不扣分;每超过 1 min 扣 2 分,超过 5 min 停止作业。

3. 考核评分

(1)3 名及以上考评员。

(2)按考核评分记录表中规定评分点各自独立评分,取平均分为评定得分。

(3)满分为 100 分,60 分为及格。

职业技能等级认定
电工(初级)实作技能考核评分记录表

单位：＿＿＿＿＿　姓名：＿＿＿＿＿　性别：＿＿＿　准考证号：＿＿＿＿＿　工种：＿＿＿＿＿　级别：＿＿＿＿＿

试题名称：室内安装插座　　　　　　　　　　　　　　　　　　　　考核时间：90 min

操作开始时间：　　时　　分　　　　　　　　　　操作结束时间：　　时　　分

项目	分数	序号	考核技术要求及评分标准	配分	扣分	得分	备注
操作技能	80	1	画线定位。定位不合理，每处扣 2 分；垂直、水平线误差超过 5 mm 扣 2 分	20			
		2	配线安装插座。固定点超过规定距离，每处扣 5 分；导线弯曲半径小，每处扣 5 分；过墙处未穿保护管，每处扣 5 分；导线接头位置不合理，每处扣 5 分；导线垂直、水平误差超过 5 mm，每处扣 2 分；插座固定不牢，每处扣 2 分	50			
		3	通电运行。插座无电，每次扣 5 分	10			
工具的使用及维护	10	4	正确使用工具，使用不当，每件扣 2 分	10			
安全生产	10	5	未按规定佩戴劳动保护用品，每处扣 2 分	5			
		6	作业中出现危及人身安全现象，扣 5 分	5			
合计	100			100			

考评员签名：　　　　　　　　　　　　认定人：　　　　　　　　　　　　年　　月　　日

S6　万用表的使用

一、考场准备

要求场地内有照明、三相电源、用电试运行工作台(操作台)、木质安装板、电工常用工具、万用表、木螺栓、导线、编码套管、行线槽及仪器材料明细表上所列元件等。

二、材料工具准备

1. 准备以下所需试品、仪器、材料:

序　号	仪器、材料名称	型号及规格	数　量	备　注
1	万用表	500 型	1	
2	电　阻	10 Ω、1 000 Ω	2	

2. 以下由考生自备:

序　号	名　称	型号及规格	数　量	备　注
1	测量记录单		1	

三、考核内容及要求

1. 考核内容

万用表的使用。

2. 考核时限

(1)准备时间:10 min。

(2)正式操作时间:60 min。

(3)规定时间内完成不加分,也不扣分;每超过 1 min 扣 2 分,超过 5 min 停止作业。

3. 考核评分

(1)3 名及以上考评员。

(2)按考核评分记录表中规定评分点各自独立评分,取平均分为评定得分。

(3)满分为 100 分,60 分为及格。

职业技能等级认定
电工(初级)实作技能考核评分记录表

单位:__________　姓名:__________　性别:______　准考证号:__________　工种:__________　级别:__________

试题名称:万用表的使用　　　　　　　　　　　　　　　　　　　　　　　　考核时间:60 min

操作开始时间:　　时　　分　　　　　　　　操作结束时间:　　时　　分

项目	分数	序号	考核技术要求及评分标准	配分	扣分	得分	备注
操作技能	90	1	用万用表测量交流电压,违反操作规程,每次扣 2 分;挡位选择错误每次扣 5 分;读数错误扣 5 分	30			
		2	用万用表测量直流电压,违反操作规程,每次扣 2 分;挡位选择错误每次扣 5 分;读数错误扣 5 分	30			
		3	用万用表测量电阻,违反操作规程,每次扣 2 分;挡位选择错误每次扣 5 分;读数错误扣 5 分,未调零扣 1 分	30			
安全生产	10	4	未按规定佩戴劳动保护用品,每处扣 2 分	5			
		5	作业中出现危及人身安全现象,扣 5 分	5			
合计	100			100			

考评员签名:　　　　　　　　　　　　　　认定人:　　　　　　　　　　　　　　年　　月　　日

S7 室外照明线安装布置

一、考场准备

要求场地内有照明、三相电源、用电试运行工作台(操作台)、木质安装板、电工常用工具、万用表、木螺栓、导线、编码套管、行线槽及仪器材料明细表上所列元件等。

二、材料工具准备

1. 准备以下所需试品、仪器、材料:

序 号	仪器、材料名称	型号及规格	数 量	备 注
1	单股黑皮铝线	30 m、6 mm^2	1	
2	锤 子		1	
3	冲击钻		1	
4	三角固定角钢		3	
5	瓷 柱		6	

2. 以下由考生自备:

序 号	名 称	型号及规格	数 量	备 注
1	劳动保护用品		1	
2	常用电工工具		1	

三、考核内容及要求

1. 考核内容

室外照明线安装布置。

2. 考核时限

(1)准备时间:10 min。

(2)正式操作时间:90 min。

(3)规定时间内完成不加分,也不扣分;每超过 1 min 扣 2 分,超过 5 min 停止作业。

3. 考核评分

(1)3 名及以上考评员。

(2)按考核评分记录表中规定评分点各自独立评分,取平均分为评定得分。

(3)满分为 100 分,60 分为及格。

职业技能等级认定
电工(初级)实作技能考核评分记录表

单位:＿＿＿＿＿　姓名:＿＿＿＿＿　性别:＿＿＿　准考证号:＿＿＿＿＿　工种:＿＿＿＿＿　级别:＿＿＿＿＿

试题名称:室外照明线安装布置　　　　考核时间:90 min

操作开始时间:　　时　　分　　　　操作结束时间:　　时　　分

项目	分数	序号	考核技术要求及评分标准	配分	扣分	得分	备注
操作技能	80	1	口述固定角钢安装位置。安装位置不合理,每处扣2分	20			
		2	配线安装。固定角钢安装不牢固,每个扣5分;瓷柱安装不紧,每个扣1分;线在瓷柱上绑扎不牢,每处扣1分;线排列不直,扣3分;线弛度太大或太紧,扣3分;接头不符合工艺要求,每个扣2分	60			
工具的使用及维护	10	3	正确使用工具,使用不当,每件扣2分	10			
安全生产	10	4	未按规定佩戴劳动保护用品,每处扣2分	5			
		5	作业中出现危及人身安全现象,扣5分	5			
合计	100			100			

考评员签名:　　　　认定人:　　　　年　　月　　日

S8　室内安装吊扇

一、考场准备

要求场地内有照明、三相电源、用电试运行工作台(操作台)、木质安装板、电工常用工具、万用表、木螺栓、导线、编码套管、行线槽及仪器材料明细表上所列元件等。

二、材料工具准备

1. 准备以下所需试品、仪器、材料：

序　号	仪器、材料名称	型号及规格	数　量	备　注
1	吊　扇	1 050 mm	1	
2	锤　子		1	
3	冲击钻		1	
4	调速器		1	
5	护套线		20	

2. 以下由考生自备：

序　号	名　称	型号及规格	数　量	备　注
1	劳动保护用品		1	
2	常用电工工具		1	

三、考核内容及要求

1. 考核内容

室内安装吊扇。

2. 考核时限

(1)准备时间：10 min。

(2)正式操作时间：90 min。

(3)规定时间内完成不加分，也不扣分；每超过 1 min 扣 2 分，超过 5 min 停止作业。

3. 考核评分

(1)3 名及以上考评员。

(2)按考核评分记录表中规定评分点各自独立评分，取平均分为评定得分。

(3)满分为 100 分，60 分为及格。

职业技能等级认定
电工(初级)实作技能考核评分记录表

单位:________ 姓名:________ 性别:_____ 准考证号:________ 工种:________ 级别:________

试题名称:室内安装吊扇 考核时间:90 min

操作开始时间: 时 分 操作结束时间: 时 分

项目	分数	序号	考核技术要求及评分标准	配分	扣分	得分	备注
操作技能	80	1	画线定位。定位不合理,每处扣 2 分;垂直、水平线误差超过 5 mm 扣 2 分	20			
		2	配线安装吊扇。固定点超过规定距离,每处扣 5 分;导线弯曲半径小,每处扣 5 分;过墙处未穿保护管,每处扣 5 分;导线接头位置不合理,每处扣 5 分;导线垂直、水平误差超过 5 mm,每处扣 2 分;调速器固定不牢,每处扣 2 分;扇叶安装方向错误,每个扣 2 分;扇叶安装不紧,每处扣 1 分	50			
		3	通电运行。送电风扇不转,每次扣 5 分	10			
工具的使用及维护	10	4	正确使用工具,使用不当,每件扣 2 分	10			
安全生产	10	5	未按规定佩戴劳动保护用品,每处扣 2 分	5			
		6	作业中出现危及人身安全现象,扣 5 分	5			
合计	100			100			

考评员签名: 认定人: 年 月 日

S9　室内安装日光灯

一、考场准备

要求场地内有照明、三相电源、用电试运行工作台(操作台)、木质安装板、电工常用工具、万用表、木螺栓、导线、编码套管、行线槽及仪器材料明细表上所列元件等。

二、材料工具准备

1. 准备以下所需试品、仪器、材料：

序　号	仪器、材料名称	型号及规格	数　量	备　注
1	日光灯	40 W	1	
2	锤　子		1	
3	冲击钻		1	
4	开　关		1	
5	护套线	20 m、2.5 mm^2	2	

2. 以下由考生自备：

序　号	名　称	型号及规格	数　量	备　注
1	劳动保护用品		1	
2	常用电工工具		1	

三、考核内容及要求

1. 考核内容

室内安装日光灯。

2. 考核时限

(1)准备时间：10 min。

(2)正式操作时间：90 min。

(3)规定时间内完成不加分，也不扣分；每超过 1 min 扣 2 分，超过 5 min 停止作业。

3. 考核评分

(1)3 名及以上考评员。

(2)按考核评分记录表中规定评分点各自独立评分，取平均分为评定得分。

(3)满分为 100 分，60 分为及格。

职业技能等级认定
电工(初级)实作技能考核评分记录表

单位:________ 姓名:________ 性别:_____ 准考证号:________ 工种:________ 级别:________

试题名称:室内安装日光灯 考核时间:90 min

操作开始时间: 时 分 操作结束时间: 时 分

项目	分数	序号	考核技术要求及评分标准	配分	扣分	得分	备注
操作技能	80	1	画线定位。定位不合理,每处扣 2 分;垂直、水平线误差超过 5 mm 扣 2 分	20			
		2	配线安装日光灯。固定点超过规定距离,每处扣 5 分;导线弯曲半径小,每处扣 5 分;过墙处未穿保护管,每处扣 5 分;导线接头位置不合理,每处扣 5 分;导线垂直、水平误差超过 5 mm,每处扣 2 分;日光灯不水平,扣 5 分;日光灯固定不牢,每处扣 1 分	50			
		3	通电运行。日光灯不亮,每次扣 5 分	10			
工具的使用及维护	10	4	正确使用工具,使用不当,每件扣 2 分	10			
安全生产	10	5	未按规定佩戴劳动保护用品,每处扣 2 分	5			
		6	作业中出现危及人身安全现象,扣 5 分	5			
合计	100			100			

考评员签名: 认定人: 年 月 日

S10　钳形电流表的使用

一、考场准备

要求场地内有照明、三相电源、用电试运行工作台（操作台）、木质安装板、电工常用工具、万用表、木螺栓、导线、编码套管、行线槽及仪器材料明细表上所列元件等。

二、材料工具准备

1. 准备以下所需试品、仪器、材料：

序　号	仪器、材料名称	型号及规格	数　量	备　注
1	钳形电流表		1	

2. 以下由考生自备：

序　号	名　称	型号及规格	数　量	备　注
1	测量记录单		1	

三、考核内容及要求

1. 考核内容

钳形电流表的使用。

2. 考核时限

(1)准备时间：10 min。

(2)正式操作时间：30 min。

(3)规定时间内完成不加分，也不扣分；每超过 1 min 扣 2 分，超过 5 min 停止作业。

3. 考核评分

(1)3 名及以上考评员。

(2)按考核评分记录表中规定评分点各自独立评分，取平均分为评定得分。

(3)满分为 100 分，60 分为及格。

职业技能等级认定
电工(初级)实作技能考核评分记录表

单位:＿＿＿＿　姓名:＿＿＿＿　性别:＿＿＿　准考证号:＿＿＿＿　工种:＿＿＿＿　级别:＿＿＿＿

试题名称:钳形电流表的使用　　考核时间:30 min

操作开始时间:　时　分　　操作结束时间:　时　分

项目	分数	序号	考核技术要求及评分标准	配分	扣分	得分	备注
操作技能	90	1	测量前对钳形电流表进行检查调零,未调零扣5分;选择电压挡位,选择错误扣5分	20			
		2	测量前对被测量电流进行估计,选择电流挡位,挡位选择错误扣5分	20			
		3	按照钳形电流表操作要求进行测量,读数错误扣5分	30			
		4	正确使用钳形电流表,测量中损坏仪表,扣10分	20			
安全生产	10	5	未按规定佩戴劳动保护用品,每处扣2分	5			
		6	作业中出现危及人身安全现象,扣5分	5			
合计	100			100			

考评员签名:　　认定人:　　年　月　日

第二部分　中　级　工

1. 常用滤波器有哪几种类型?

答:常用滤波器有电容滤波、电感滤波、电感与电容组成的 L 型和 π 型等四种滤波器。

2. 三相异步电动机的调速方法有哪几种? 笼型异步电动机采用什么方法调速?

答:三相异步电动机的调速方法有三种:①调磁极对数调速;②调频率调速;③改变转差率调速。笼型异步电动机常采用调磁调速的方法。

3. 为什么电力变压器的高压绕组常在低压绕组的外面?

答:主要原因是高压绕组电压高,绝缘要求高,如果高压绕组在内,离变压器铁芯近,则应加强绝缘,提高了变压器的成本造价。

4. 变压器并联运行有什么优越性?

答:变压器并联运行有利于逐步增加用电负荷,合理地分配负荷,从而降低损耗,提高运行效率,延长使用寿命;可以改善电压调整率,提高电能的质量;有利于变压器的检修,提高供电的可靠性。

5. 什么是直流电、稳恒直流电? 什么是交流电?

答:方向不随时间变化的电流称为直流电,简称直流。若方向和大小都不随时间变化的电流称为稳恒直流电。方向和大小都随时间做周期性变化的电流称为交流电,简称交流。交流电的最基本形式是正弦交流电。

6. 造成触头过热的原因有哪两个方面?

答:①通过动、静触头间的电流过大;②动、静触头间的接触电阻变大。

7. 一个负载的额定功率大,是否等于说它消耗的能量多?

答:一个负载的额定功率是指该负载长期工作时的限额。在实际工作中所消耗的功率不一定就等于额定功率。若负载工作在额定状态,其消耗的能量除与功率大小有关,还与时间有关,即 $W=Pt$,因此不能说一个负载的额定功率大,它消耗的能量就多。

8. 有两个电阻,其中一个电阻的阻值比另一个大得多,在串联使用时,哪一个电阻的作用可以忽略不计? 如果并联又怎样?

答:电阻串联时总电阻为各串联电阻之和,所以阻值小得多的那个电阻的作用可以忽略不计;电阻并联时总电阻为各并联电阻倒数和的倒数,因此阻值大得多的那个电阻的作用可以忽略不计。

9. 硅稳压二极管有什么特性?

答:稳压二极管是晶体二极管中的一种,是用来对电子电路的电压起稳定作用的。它与一般二极管不同之处是:工作在反向击穿区,反向击穿电流只要不超过二极管的允许值,就不会损坏。在反向击穿区,管子的反向电流可以在很大范围内变化,而管子两端反向电压变化却很小,用这一特性对电路起稳压作用。

10. 在单相桥式整流电路中,如果有两支二极管断路,或一支二极管断路,或一支二极管反接,电路各会出现什么现象?

答:在单相桥式整流电路中,若有两支二极管断路,则整流电路无输出或成为半波整流电路;若有一支二极管断路,则桥式整流电路变成半波整流电路;若有一支二极管反接,则导致输出电压短路。

11. 放大电路中的晶体三极管为什么要设置静态工作点?

答:放大电路中设置静态工作点的目的是提高放大电路中输入、输出电流和电压,使放大电路在放大交流信号的全过程中始终工作在线性放大状态,避免信号过零及负半周期产生失真。因此放大电路必须具有直流偏置电路来保证放大电路有合适的静态工作点。

12. 常用的晶体管整流电路有哪几种?

答:(1)半波整流电路:分单相半波、单相半波可控、三相半波及三相半波可控;

(2)全波整流电路:分单相全波、单相全波可控;

(3)桥式整流电路:分单相桥式、单相桥式可控、三相桥式、三相桥式半控、三相桥式全控;

(4)倍压整流以及特殊整流电路等。

13. 三相异步电动机的转子是如何转动起来的?

答:对称三相正弦交流电通入对称三相定子绕组,便形成旋转磁场。旋转磁场切割转子导体,便产生感应电动势和感应电流。感应电流受到旋转磁场的作用,便形成电磁转矩,转子便沿着旋转磁场的转向逐步转动起来。

14. 三相异步电动机绕组的构成原则是什么?

答:三相绕组必须对称分布,每相的导体材质、规格、匝数、并绕根数、并联支路数等必须完全相同;每相绕组的分布规律要完全相同;每相绕组在空间位置上要互差 120°电角度。

15. 直流电动机是如何获得单方向的几乎恒定的电磁转矩的?

答:直流电动机通过换向器,在恰当的时刻改变电枢绕组内的电流方向,获得单方向的电磁转矩；通过换向片使处于磁极下不同位置的电枢导体串联起来，使它们产生的电磁转矩相叠加而成为几乎恒定不变的电磁转矩。

16. 安装电气测量仪表的原则是什么？

答：必须符合电力系统和电力设备运行监督的要求及仪表本身的安装地点、温度、湿度和安装方法等要求，力求技术先进、经济合理、准确可靠、监视方便。

17. 橡皮绝缘电缆有哪些优点，适用于哪些场所？

答：橡皮绝缘电缆与其他类型的电缆相比具有耐热性强、耐寒性好、柔软性高、耐磨性好和绝缘性能卓越的特点，安装简单方便。适用于温度低、落差大、弯曲半径小、没有油类污染的场所或适用于移动设备。

18. 在哪些情况下电缆要穿保护管？

答：为了避免电缆的机械损伤、维修方便及人身的安全，在如下情况电缆应穿保护管：①距地面 2 m 高处至地面一段。②电缆进入建筑物、隧道、穿过楼板处。③电缆穿公路、铁路和水泥地面处。④电缆与各种管道交叉处。⑤其他有可能受到机械损伤的地方和位置。

19. 怎样选择电缆保护管的管径？

答：电缆保护管的选择按规定是保护管的内径应不小于电缆外径的 1.5 倍。若保护管过长，超过 30 m 或在很短的距离内连续拐弯，则保护管内径还应适当加大。

20. 常用绝缘安全用具有哪些？

答：高压基本安全用具有绝缘杆、绝缘夹钳和高压试电笔；辅助安全用具有绝缘手套、绝缘靴和绝缘台等。低压基本安全用具有绝缘手套、带绝缘柄的工具等；辅助安全用具有绝缘垫、台和绝缘靴等。

21. 怎样使用转速表？

答：使用转速表测量电动机转速时，测试轴与电动机轴应缓慢顶接，顶力要适当，以测试轴不丢转为度，且两轴应在同一条直线上。使用中要注意被测轴的转速应在转速表的测速范围之内。

22. 钻孔时钻头怎样选择？

答：一般的工件钻孔，可选普通麻花钻头，薄工件钻孔，应选用薄板钻头（俗称三尖钻）。

23. 在电动机控制电路中，能否用热继电器作短路保护？简述原因。

答：由于热继电器的双金属片在通过短路电流而动作时存在惯性，故动作需要一定的时间，这样热继电器在短路时不能立即动作断开电源，对电动机不会起到可靠的短路保护作用。

故在电动机的控制电路中不能用热继电器作短路保护，而用熔断器承担这一任务。

24. 平时所讲负载增加，通常是指负载电流增加还是负载电压增加？

答：负载增加常指电路的输出功率增加，电源的负担增加。在电源电压近似不变的供电系统中，负载所得到的功率 $P=U^2/R=UI$，负载增加即是负载电流增加，相当于负载电阻的减小；而在电源输出电流近似不变的供电系统中，负载所得到的功率 $P=UI=I^2R$，负载增加即为负载电压增加，相当于负载电阻的加大。

25. 组合开关和按钮有何区别？

答：组合开关在机床电路中一般作为电源的引入开关，供不频繁接通和断开的电路用，不直接控制电动机的启动、停止，只可直接控制小容量电动机的启动、停止，也可以用于不频繁地通、断机床照明电路，其特点是所通过的是电路的工作电流。按钮不直接通过工作电流，它的作用主要是在弱电流的控制电路中发出信号，去控制接触器等电器，再间接实现对主电路电流通断和转换的控制。

26. 在电动机的电路中，熔断器和热继电器的作用是什么？能否相互代替？

答：在电动机的控制电路中，使用熔断器是为了实现短路保护，使用热继电器是为了实现过载保护。两者的作用不能互换。如果用熔断器取代热继电器会造成电路在高于额定电流不太多的过载电流时，长时间不熔断，达不到过载保护的要求。如果用热继电器代替熔断器，会由于热元件的热惯性不能及时切断短路电流。

27. 什么是变压器的联结组？怎样表示三相变压器的联结组？

答：变压器的联结组是指出变压器高、低压绕组的联结方式及以时钟序数表示的相对相位移的通用标号。三相变压器的联结组表示为 A、B、C。其中 A 表示高压侧接法：D 表示三角形；Y 表示星形；Yn 表示星形有中线。B 表示低压侧接法：d 表示三角形；y 表示星形；yn 表示星形有中线。C 表示组号。0～11 为低压侧电压滞后高压侧对应电压相位角是 30°的倍数值。

28. 在工程平面图中，对配电线路标注的符号为 a-b(c×d)e-f，说明符号中各字母所表达的意思是什么？

答：a 表示回路编号；b 表示导线型号；c 表示导线根数；d 表示导线截面；e 表示敷设方式及穿管管径；f 表示线路的敷设部位。

29. 电气工作人员应具备哪些条件？

答：(1)经医师鉴定，无妨碍工作的病症；

(2)具备必要的电气知识，且按其职务和工作性质熟悉电气作业的有关规程，并经考试合格；

(3)学会紧急救护法,首先学会触电急救法和人工呼吸法。

30. 为什么三相四线制电源线的中线规定不许加装熔丝?

答:因为中线的作用就是防止中性点位移,保持各相电压对称。如果在中线上接有熔丝,当发生故障时,一旦熔断,则各相负载电压不对称,会造成更多事故。因此,中线不能接入熔丝。

31. 电力电缆连接施工的基本要求是什么?

答:①保证密封。②保证电缆接头的绝缘强度不低于电缆本身的绝缘强度。③保证电气距离,避免短路或击穿。④保证导体接触良好,接触电阻要小而稳定,且有一定的机械强度;接触电阻必须小于或等于线路同一长度导体电阻的 1.2 倍,其抗拉强度不低于电缆芯数的 70%。

32. 晶体管交流放大器有几种基本接法?

答:(1)共发射极电路:将发射极接地,基极与发射极为输入端,集电极与发射极为输出端。

(2)共基极电路:将基极接地,发射极与基极为输入端,集电极与基极为输出端。

(3)共集电极电路:将集电极接地(对交流信号而言,集电极电源相当于短路),基极与集电极为输入端,发射极与集电极为输出端。这种放大器又是射极跟随器。

33. 三相异步电动机的熔断器熔丝怎样选择?

答:(1)单台电动机回路熔断丝的选择:熔断丝额定电流(A)≥(1.5~2.5)×电动机额定电流。

(2)多台电动机回路熔断丝的选择:熔断丝额定电流(A)≥容量最大一台电动机启动电流/(α+其余各台电动机额定电流之和)(α 一般取 2.5 A 左右)。

34. 什么是失压保护和欠压保护?

答:当电动机正常工作时,由于电源线路断电,电动机停止运行。当恢复供电后,由于电动机控制电路中的自锁触头已处于断开状态,控制电路不会自行接通,电动机不会重新启动,从而避免了供电恢复后电动机自行启动所引起的人身和设备事故,这就是失压保护。当电动机运转时,由于电源电压降低到一定值时(一般为额定电压的接触器电磁系统吸力不足,85%以下),接触器电磁系统吸力不足,动铁芯释放,触头断开使电动机停转,得到欠压保护。

35. 常见变压器种类有哪些?

答:(1)按用途分:电力变压器、调压变压器、高压试验变压器、控制变压器和特殊变压器。

(2)按铁芯形式分:铁芯式变压器和铁壳式变压器。

(3)按绕组数分:双绕组变压器、自耦变压器、三绕组变压器、多绕组变压器。

(4)按相数分:单相变压器、三相变压器和多相变压器。

(5)按冷却方式和冷却介质分:油浸变压器、干式变压器、充气变压器。

36. 简述电流互感器的结构、工作原理和用途。

答:电流互感器又称 CT,由铁芯、一次绕组、二次绕组所组成。它与普通变压器相似,也是按电磁感应原理工作的。电流互感器工作的一次绕组直接与电力系统和负载串联,当负载电流流过一次绕组时,在铁芯产生交变磁通,使二次绕组感应出比通常缩小数倍的电流。二次绕组与测量仪表、继电保护装置的电流绕组串联组成二次回路。电流互感器的交流比为 $K=I_1/I_2=N_2/N_1$(式中忽略励磁损耗)。由于采用电流互感器,二次回路与高压电路隔离,使测量仪表和继电保护装置使用安全、方便,简化了制造工艺,降低了成本费用。

37. 测量误差分哪几种?

答:所有的测量误差分为三类:

(1)系统误差:这是一种由于仪器不够完善,使用不恰当,采用近似公式的测量方法以及温度、电场、磁场等外界因素对仪表影响所产生的测量误差;

(2)偶然误差:这是一种由于周围环境对测量结果的影响所产生的误差,如偶然振动,频率、电压的波动等;

(3)疏失误差:这是由于测量人员疏失所造成的严重歪曲测量数值的误差,如读数有误、记录有差错等。

38. 负载电流大的电路,为什么常采用电感滤波?

答:电感对直流电相当于短路。如果电感线圈的导线电阻较小,则整流输出的直流成分几乎全部加到负载上,而交流成分加在铁芯线圈上。当电感上通过变化的电流时,它的两端要产生反向的自感电动势来阻碍电流变化。当整流输出电流由小增大时,它将使电流只能缓慢上升;而整流输出电流减小时,它又使电流只能缓慢下降,这就使得整流输出电流变化平缓。故负载电流大的电路常采用电感滤波。

39. 为什么说 PN 结具有单向导电性?

答:PN 结正偏时,外电场与内电场的方向相反,使内电场被削弱,空间电荷区减少,阻挡层变薄,扩散现象占优势,由多子形成较大的正向电流,称 PN 结导通;当 PN 结反偏时,外电场与内电场方向相同,使内电场被加强,空间电荷增加,阻挡层变厚,漂移电流占优势,由少子形成极小的反向电流,相当于没有电流通过,称 PN 结截止。由于 PN 结正偏导通、反偏截止,所以说 PN 结具有单向导电性。

40. 什么是短路和短路故障？怎样防止短路故障的危害？

答:短路是指电路中某两点由一阻值可以忽略不计的导体直接接通的工作状态。短路可发生在负载两端或线路的任何处，也可能发生在电源或负载内部。若短路发生在电源两端，此时回路中只存在很小的电源内阻，会形成很大的短路电流，致使电源损坏。所以电源短路是一种严重的故障，应尽量避免。但在电路中为了达到某种特定目的而采用的部分短路(短接)，不能说成是故障。为了防止短路故障的危害扩大，通常在电路中接入熔断器或自动断路器来进行保护。

41. 简述三相异步电动机的工作原理。

答:三相异步电动机定子对称的三个绕组接入三相交流电源，电动机的三个绕组就流过对称的三相电流。由于三相电流流过定子绕组便产生了旋转磁场。转子绕组与旋转磁场相对切割运动，产生了感应电动势。转子闭合的绕组中流过感应电流，根据载流导体在磁场中受电磁力的作用原理，转子电流受到旋转磁场电磁力的作用而产生电磁转矩，于是转子就转动起来。由于转子的转向与旋转磁场的方向相同，转子转速达不到同步。转速若达到了同步转速，转子导体与旋转磁场就没有切割作用。没有切割作用，则不能产生转矩。因此转子转速和同步转速有一个转差，所以是"异步"电动机。

42. 低压三相异步电动机启动时应注意哪些问题？

答:(1)操作人员要熟悉操作规程，动作灵活迅速果断。电动机接通电源后，若发现不转和声音异常或打火、冒烟以及焦煳味，应立即切断电源，找出原因，予以处理。

(2)启动数台电动机时，应按容量从大到小一台一台启动，不得同时启动，以免出现故障和引起开关跳闸。

(3)电动机应避免频繁启动，规程规定电动机在冷态时可启动两次，每次间隔时间不少于5 min。在热态时可启动1次。当在处理事故时以及启动时间不超过2～3 s时，可再启动1次。

43. 模拟式万用表由哪几部分组成？一般能进行哪些测量？

答:模拟式万用表由表头(测量机构)、测量线路和量程与功能选择开关三部分组成。万用表可以测量直流电流、直流电压、交流电压、电阻、音频电平。部分万用表还设有交流电流、电感、电容的测量功能及测量晶体三极管特性的功能与相应刻度。

44. 笼型电动机和绕线式电动机在构造上有哪些相同点和不同点？

答:笼型电动机和绕线式电动机相同的是定子、机座、定子绕组和铁芯，不同点是转子。笼型电动机转子的结构与绕线式电动机转子差异较大。笼型电动机转子有槽，每条槽内都有导线，铁芯两端槽口之外分别都有端环，并将导线短路。绕线式电动机转子绕组和定子绕组比较相似，其绕组均为绝缘导线绕成的，并连成对称的三相绕组，可以连接成星形，也可以连接成三角形。绕组接在转子一端的三个集电环上，再通过电刷引出外壳。

45. 车间布线有哪些常用方式？各适用于什么场所？

答：车间内布线的方式有钢管布线、塑料管布线和瓷瓶布线。其中钢管布线适用于容易发生火灾和有爆炸危险的场所，线路容易被损伤的地方也常采用钢管布线；塑料管布线主要应用于有腐蚀危害的场所；而瓷瓶布线则适用于用电量大和线路较长的干燥或潮湿的场所。

46. 对架空线路的混凝土电杆有哪些要求？

答：架空线路的混凝土电杆有两种，一种是环形钢筋混凝土电杆，另一种是环形预应力混凝土电杆。其要求分别如下：

(1)环形钢筋混凝土电杆应符合下列要求：①杆身弯曲不应超过杆长的 1/1 000。②表面应光洁平整，杆壁厚薄均匀，无露筋、跑浆的现象。③放置在地面检查时，应无纵向裂缝，横向裂缝的宽度不应超过 0.1 mm。

(2)环形预应力混凝土电杆应符合下列要求：①杆身弯曲不应超过杆长的 1/1 000。②电杆表面应光洁平整，杆壁厚薄均匀，无露筋、跑浆的现象。③应无纵横向裂缝。

47. 高压跌落式熔断器应符合哪些要求？

答：(1)跌落式熔断器型号、规格应符合设计要求。

(2)各零部件完整无缺无损，瓷件良好，转轴光滑灵活，熔丝管不应有吸潮、膨胀或弯曲变形，并经试验合格。

(3)熔断器安装牢固，排列整齐，熔管轴线与地面垂线夹角为 15°～30°，熔断器水平间距不小于 500 mm。

(4)操作时灵活、可靠、接触紧密，动静触头接触面积应大于 2/3，且有一定的压缩行程。

(5)熔断丝额定电流不应大于熔断器的额定电流。

(6)上下引线与导线的连接紧密可靠。

48. 电缆的弯曲半径是怎样规定的？

答：在施工中，电缆的弯曲半径是否合适直接关系到电缆敷设质量和电缆的使用寿命，若厂家没有明确提供数据，可按以下要求施工。①油浸纸绝缘电力电缆：铝包无铠装 20D；铝包有铠装多芯 15D；铝包有铠装单芯 20D。②交联聚乙烯绝缘电力电缆：交联聚乙烯绝缘电缆多芯 15D；交联聚乙烯绝缘电缆单芯 20D。③聚氯乙烯绝缘电力电缆 10D。④橡皮绝缘电力电缆：无铝包钢铠护套 10D；裸铝包护套 15D；钢铠护套 20D。⑤控制电缆 10D。

49. 使用真空断路器有哪些优点？

答：①触头间隙小，一般不超过 40 mm。②燃弧时间短，真空有很强的灭弧能力，一般在触头分离开电流第一次过零时，切断电流。③断路器体积小、重量轻。④工作可靠，通断能力稳定。⑤触头不需检修，维护工作量小。⑥电动导电杆惯性小，适应于频繁操作，且寿命长。⑦合闸功率小，节能。

50. 什么是二次系统？按其性质和用途可分为哪几类？

答：继电保护及自动装置用的电气设备控制、信号装置、监视和测量仪表二次部分所有低压回路以及操作电源、控制电缆等称为二次系统。二次系统按其性质可分为交流回路，即交流电压互感器回路、交流电流互感器回路；直流回路，即从直流电源正端到电源负端的全部回路。二次系统按其用途可分为断路器控制信号回路、中央信号回路、继电保护、自动装置回路以及操作电源回路。

51. 钻孔时转速应怎样选择？

答：(1)小直径的钻头可用高转速，反之大直径的钻头用低转速。

(2)加工精度低的工件用较高转速，加工精度高的用低转速。

(3)薄板钻孔用低转速，普通工件钻孔可以比薄板钻孔转速稍高一些。

52. 敷设电缆时，路径的选择原则是什么？

答：总的原则是造价经济、方便施工和安全运行。

(1)投资少、距离短、拐弯少。

(2)尽量避免穿越公路、各种管道、房屋建筑和电缆沟道。

(3)尽量远离机械振动大、化学腐蚀强的场所。

(4)户外路径的选择，要考虑便于开挖电缆沟，土壤不应过分干燥以利于电缆散热。户内路径的选择要考虑防火通风良好，方便检查和维修。

53. 什么是变压器的极性？

答：所谓变压器的极性，是指在某一瞬间，自感电动势在一次绕组和某一端呈现高电位时，互感电动势也一定在二次绕组中的某一对应端呈现高电位，把这两个同时呈现高电位的对应端，视作变压器绕组的同极性端。变压器绕组的极性，由绕组和缠绕方向决定。极性是变压器并网的主要条件之一，极性接错，变压器将被烧毁。

54. 对绝缘材料的一般要求是什么？

答：一般要求是在物理性能方面要具有很小的吸湿性，较高的机械强度和很好的耐热性。

(1)吸湿性：吸湿性直接影响绝缘材料的绝缘电阻和损耗。

(2)机械性能：绝缘材料分脆性、塑性和弹性材料三种，各种材料的抗压、抗拉和抗弯强度彼此相差很大，应适当选择。

(3)耐热性：温度是促使绝缘材料老化的主要因素。

55. 绝缘材料的耐热等级有何规定?

答:绝缘材料分七个耐热等级:①Y 级,极限工作温度为 90 ℃。②A 级,极限工作温度为 105 ℃。③E 级,极限工作温度为 120 ℃。④B 级,极限工作温度为 130 ℃。⑤F 级,极限工作温度为 155 ℃。⑥H 级,极限温度为 180 ℃。⑦C 级,极限工作温度为大于 180 ℃。

56. 变、配电所的电气安装图作用是什么? 包括哪些图纸?

答:电气安装图是设计部门为施工进行电气安装提供的技术依据,也是运行单位进行竣工验收以及运行维护和检修试验的重要依据。变、配电所的电气安装图包括一次回路系统图、平面图和剖面图、二次回路原理展开图和安装图等。

57. 什么是电动机一次回路系统图、控制原理图?

答:用国家标准电工图形符号和文字代号,以单线绘制出的,用来表示电动机与电源、开关、启动设备的电气连接关系的电路图,是电动机一次回路系统图。用来说明电动机启动、运转、停止和继电保护等方面工作原理的电路图,是电动机控制原理图。

58. 什么是照明系统图、安装配线图?

答:用电工图形符号以单线绘制的,表示照明系统电源的连接与回路分配情况的电路图,是照明系统图。为了指导照明工程的安装,通常在建筑平面图上,按要求画出电气线路和电气设备的图形符号,并注明导线的种类和敷设方式以及灯具的种类、规格和安装高度等,这样的图就是照明工程的安装配线图。

59. 10 kV 及以下架空线路的引流线(反引线)之间、引流线和主干线之间的连接应符合哪些规定?

答:(1)不同的金属导线不能直接连接,应有可靠的过渡夹具。

(2)相同金属的导线,若采用绑扎连接时,其绑扎长度应符合下列规定:①导线截面积在 35 mm^2 及以下,绑扎长度应大于或等于 150 mm。②导线截面积为 50 mm^2,绑扎长度大于或等于 200 mm。③导线截面积为 70 mm^2,绑扎长度大于或等于 250 mm。④绑扎连接时,接触紧密、均匀,无硬弯引流线,应呈均匀弧度,三相应一致。⑤连接导线截面不相同时,可以以小截面的导线为准。⑥当用并沟线夹连接时,不应少于 2 个。⑦引流线与邻相引流线或引流线与邻相导线之间的距离应满足 10 kV 线路不小于 300 mm;1 kV 线路不小于 150 mm。

60. 电缆敷设常采用的直埋、排管、电缆沟等三种敷设方式的优缺点有哪些?

答:(1)直埋敷设优点:这种施工方式简单、方便、投资少,而且电缆散热也好,施工周期短。缺点:易受机械损伤和土壤中化学成分的腐蚀,检修困难。

(2)排管敷设优点:容量大,可以敷设多条电缆,占用地下断面小,便于维护和管理。缺点:

投资大,建设周期长,施工较麻烦。

(3)电缆沟敷设优点:能容纳多根电缆,检修十分方便。缺点:投资较高,施工周期长,电缆沟内容易积水。

61. 电力电缆的接地线怎样装设?简述原因。

答:将电缆头的外壳、钢壳、金属护套用 10 mm^2 的多股铜芯线与接地网作可靠的电气连接。若电力电缆不装设接地线,当电缆线芯有故障,电流或电缆发生绝缘击穿故障时,金属护套可能感应出电压。此电压能使内衬层击穿,引起电弧,直至将金属护套烧熔成洞孔,引起接地短路故障。另外,接地可以降低电缆金属护套与地之间的电压,当雷击时通过接地可以分流,使电缆以后的设备免受雷击。

62. 什么是变、配电所的一次回路系统图、平面图、剖面图?

答:为了便于变、配电所的安装、检修和运行,利用国家标准电工系统图图形符号和文字代号,将变、配电所内高压电力线路的去向及高压电气设备的相互连接关系,用单线绘制成图,这样的图是变、配电所的一次回路系统图。系统图通常不表明电气设备和安装要求,因此在施工中需要借助于平面图和剖面图。这些图是按适当比例绘制的,具体表现出变、配电所的总体布局,每台设备的安装位置和尺寸及线路走向等,它是设备安装的主要依据之一。

63. 安装负荷开关时,有哪些技术要求?

答:①负荷开关的型号、规格必须符合设计要求。②开关应完整无损,闸刀不得有变形,消弧装置应完好。③闸刀的张开角不小于58°或符合制造厂的规定。④操作机构灵活,不应有卡涩现象。⑤熔断器应无松动,接触必须良好。⑥负荷开关不允许水平安装。

64. 试画出直接接入单相有功电能表接线图。

答:

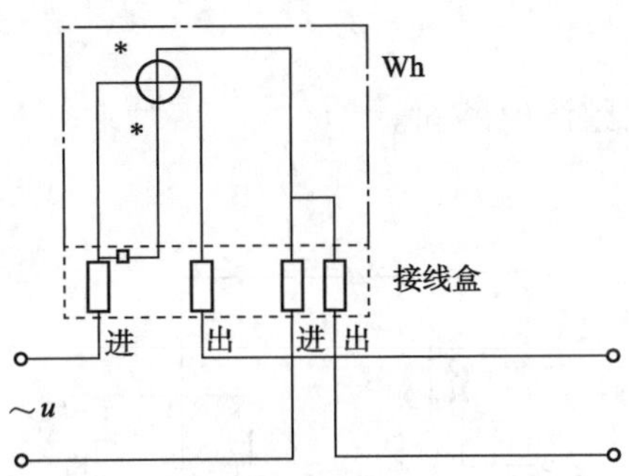

65. 试画出三相四线制有功电能表接电流互感器接线图。

答：

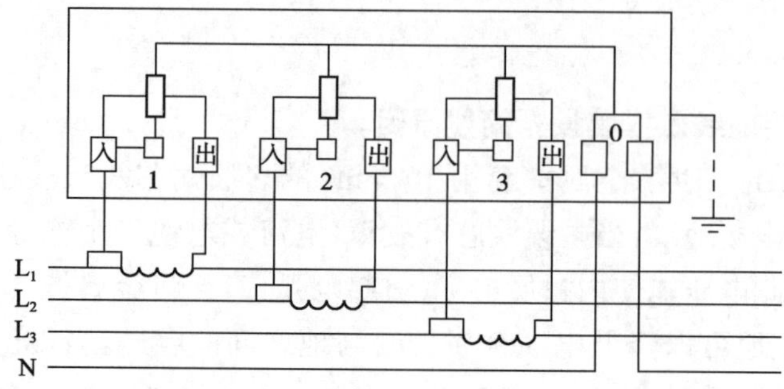

66. 试画出单相半波整流电路图。

答：

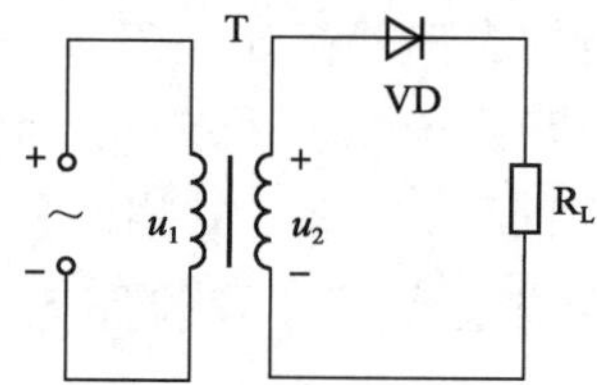

67. 试画出单相全波整流电路图。

答：

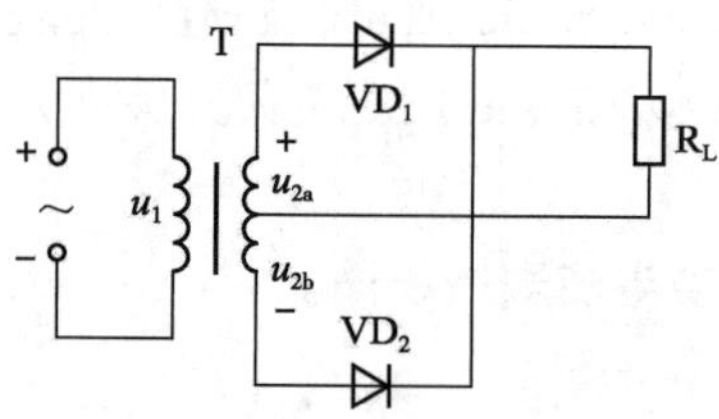

68. 试画出单相全波桥式整流电路图。

答：

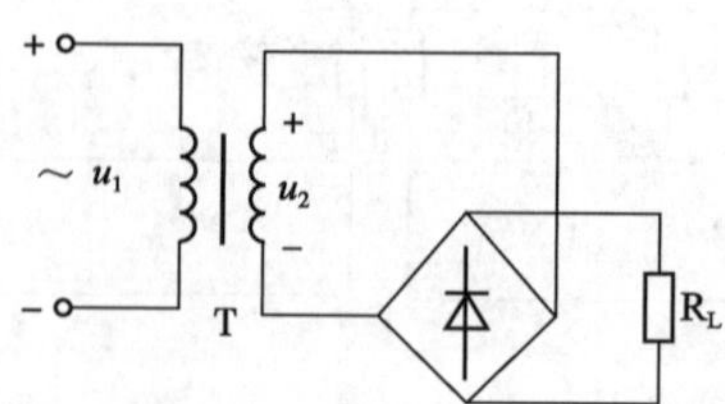

69. 试画出三相半波整流电路图。

答：

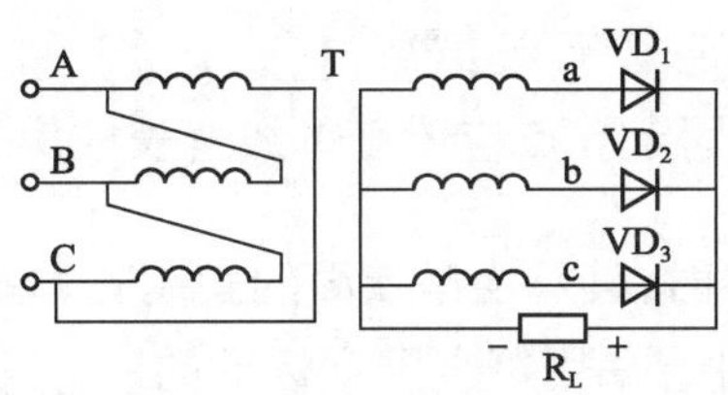

70. 为什么兆欧表要按电压分类?

答:各电气设备根据使用电压不同,其绝缘电阻要求也不同。高压电气设备绝缘电阻要大,否则就不能在高电压的条件下工作。如果用低压兆欧表测量高压设备,由于高压设备绝缘层厚,电压分布则比较小,不能使绝缘介质极化,测出结果不能反映实际情况。如果低压设备用高压兆欧表测量,其绝缘材料很可能被击穿。因此兆欧表要按电压分类,按设备的实际工作电压进行相适应的测量。

71. 常用绝缘材料有哪些?主要用途是什么?

答:常用绝缘材料有无机绝缘材料、有机绝缘材料和混合绝缘材料三大类。

(1)无机绝缘材料:有石棉、云母、大理石、瓷器、硫黄和玻璃等。主要用作各种电器的绕组绝缘、开关底板和绝缘子等。

(2)有机绝缘材料:有树脂、虫胶、橡胶、棉纱、麻、纸、蚕丝、石油等。主要用于制造绝缘漆、各种导线的绝缘外皮等。

(3)混合绝缘材料:由以上两种材料经加工制成各种成型绝缘材料,用作基座、外壳等。

72. 怎样施放电缆?

答:施放电缆常用人工或机械牵引等方法。施放前,首先将电缆盘放在线架上,使之可以自由转动。

(1)人工法:由人扛着或用手抬着电缆沿电缆沟传递施放。为避免损伤电缆,施放速度要慢,且不允许使电缆过度弯曲,此方法常用作电缆线路较短的情况。

(2)机械牵引法:沿电缆沟每隔 2～2.5 m 放一个滚轮,将电缆放在滚轮上,电缆被牵引的一端,用特制的钢丝绳套套住(牵引力越大,该套的束紧力越大),然后用卷扬机或绞磨以低于 8 m/min 的速度牵引电缆。在施放电缆的过程中,要时刻注意电缆的受力和弯曲情况,使之不受损伤。

73. 安装硬母线应符合哪些要求?

答:母线的安装应按设计规定,一般要求为:

(1)相同布置的主母线,分支母线应横平竖直、整齐美观。

(2)安装好的母线不应受到额外应力。

(3)当母线的工作电流大于 1 500 A 时,每相交流母线的固定金具不应成闭合磁路。

(4)当母线平置时，母线支持夹角板的上部压板应与母线保持 1～1.5 mm 的间隙，母线立置时，上部压板应与母线保持 1.5～2 mm 的间隙。

(5)母线长度超过 20 m 时，应安装补偿器。

(6)母线在支持绝缘子上的固定孔点应位于母线全长或两个补偿器的中点。

74. 母线连接采用螺栓连接时，其螺栓搭接面的安装有哪些要求?

答:(1)母线连接用的紧固件应采用符合国家标准的镀锌螺栓、螺母和垫圈。

(2)接触面应加工平整，无氧化膜，并涂以电力复合脂。

(3)母线平置时，贯穿螺栓应由下向上穿，在其余情况下，螺母应置于维护侧，螺栓长度宜露出螺母的 2～3 扣。

(4)螺栓的两侧，均有垫圈，螺母侧应加装弹簧垫圈。

(5)母线的接触面应连接紧密，连接螺栓应用力矩扳手紧固，其紧固力矩值应达到相应螺栓规格的力矩值。

(6)母线所在搭接处不受任何外力。

75. 电力系统对继电保护装置的基本要求是什么?

答:(1)选择性:是指电力系统发生故障时，离故障点最近的保护装置动作，把停电范围控制到最小。

(2)速动性:是指保护装置的动作要能够迅速切除故障，防止故障扩大和减轻危害程度。

(3)灵敏性:是指保护装置对故障的反应能力，灵敏度愈高，故障发生和切除就愈快，对系统的影响也愈小。

(4)可靠性:是指电力系统在正常运行时，保护装置不发生误动作，在发生故障时，可靠动作而不拒动。

76. 三相感应电动机电气制动方式有哪些优缺点?

答:三相感应电动机电气制动方式有能耗制动、反接制动、再生制动三种。

(1)能耗制动为制动时切断电动机的三相交流电源，将直流电送入定子绕组。在切断交流电源的瞬间，由于惯性作用，电动机仍按原来方向转动，便在转子导体中产生感应电动势和感应电流。其感应电流产生转矩，此转矩与送入直流电后形成的固定磁场所产生的转矩方向相反，因此电动机迅速停止转动，达到制动的目的。这种方式的特点是制动平稳，但需直流电源、大功率电动机，所需直流设备成本大，低速时制动力小。

(2)反接制动又分负载反接制动和电源反接制动两种:①负载反接制动又称负载倒拉反接制动。当起重机在电动机下放重物时的作用下沿着与旋转磁场相反的方向旋转，这时产生的电磁转矩则是制动转矩。此转矩使重物以稳定的速度缓慢下降。这种制动的特点是电源不用反接，不需要专用的制动设备，而且可以调节制动速度，但只适用于绕线型电动机，其转子电路需串入大电阻，使转差率大于 1。②电源反接制动为当电动机需制动时，只要任意对调两相电源线，使旋转磁场相反就能很快制动。当电动机转速等于零时，立即切断电源。这种制动的特点是停车快,制动力较强,无需制动设备。但制动时由于电流大,冲击力也大,易使电动机过热或损伤传动部分的零部件。

(3)再生制动又称回馈制动,在重物的作用下(下放重物),电动机的转速高于旋转磁场的同步转速。这时转子导体产生感应电流,在旋转磁场的作用下产生反旋转方向转矩,电动机进入发电状态,并回馈电网,这种方式能自然进入回馈制动状态,工作可靠,但电动机转速高,需用变速装置减速。

77. 对钢管配线的安装要求有哪些?

答:(1)钢管不应有裂缝,管内无异物,管口应锉平刮光。

(2)明配管应排列整齐,固定距离均匀,管卡与终端、拐弯、电气设备边缘距离为 100～500 mm。

(3)明配于潮湿场所和埋入地下的钢管应采用厚壁钢管。

(4)固定用的管卡和钢管均应进行防腐处理后(镀锌钢管可直接使用)埋入腐蚀性土内,应按设计要求进行防腐。

(5)螺纹连接时,管端套螺纹长度不应小于管接头的 1/2,并涂导电膏,钢管应可靠接地。

(6)钢管进入盒(箱)内并应固牢。

(7)配管弯曲时,其弯曲半径一般不小于管外径的 6 倍,埋入地下或混凝土内的钢管弯曲半径不小于管外径的 10 倍。

(8)管口引出地面时距地面不小于 200 mm,室外管口应防水,室内管口应密封。

(9)管内配线其导线总截面积不应超过管截面积的 40%,导线不超过 8 根,管内导线不应有接头、扭结等。

(10)不同回路、不同电压,交流与直流的配线一般不得穿入同一管内。但下列几种回路可除外:①电压为 65 V 及以下回路。②同一台设备的电动机回路和无干扰要求的控制回路。③照明花灯所有回路。

78. 试画出三相笼型电动机Y-△启动控制电路图。

答:

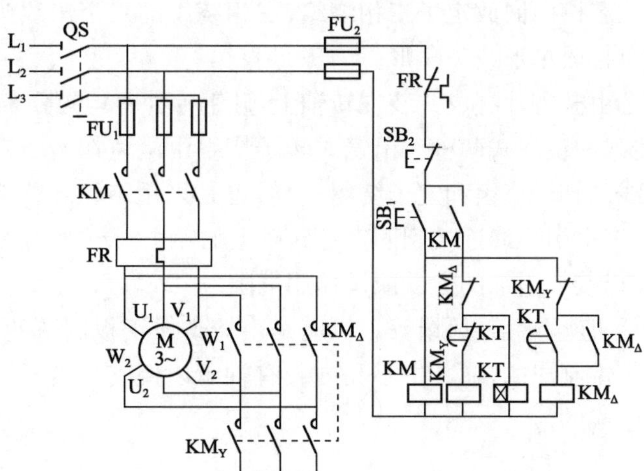

79. 试画出三相笼型电动机单向启动反接制动控制电路图。

答:

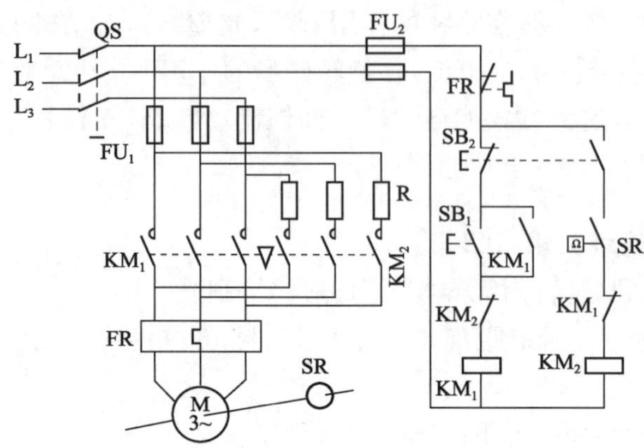

80. 简述电力变压器的组成和各部件的作用。

答:根据用途不同,变压器的构造也不尽相同。一般电力变压器的构造比较复杂,它由铁芯、线圈、油箱、散热器、套管、分接开关及其他附件构成。铁芯是变压器电磁感应的磁通路,由磁导率高的硅钢片叠装而成,各片之间彼此绝缘,以减少涡流损失。线圈是构成变压器的电路部分,由绝缘铜线或铝线绕制而成。变压器运行时,铁芯和线圈要产生大量的热量,为了及时地散热,把装配铁芯和线圈放在含有变压器油的油箱中,通过油的自然对流,把热量传到外壳散出去,同时起到保护铁芯和线圈的作用。容量大的变压器,采用带有钢管散热器的油箱外壳,以增加散热面。变压器线圈的引出端,通过绝缘套管接到油箱外面,使带电体和油箱绝缘。

81. 三相异步电动机是由哪些部件构成的?

答:三相异步电动机是由定子、转子两部分和其他附件构成的。

(1)定子,由定子铁芯和定子绕组所组成。为了减少磁滞和涡流损失,环形的定子是由冲了槽的硅钢片叠成。铁芯槽内嵌放定子三相绕组,三相绕组的六个出线头固定在机座外壳的接线盒内。三相绕组可接成星形或三角形。

(2)转子,转子铁芯由硅钢片叠成并装在转轴上,硅钢片冲有均匀分布的槽,槽内嵌放转子绕组,转子绕组分鼠笼式和绕线式两种。鼠笼式转子绕组由浇铸在转子铁芯槽内的铝导线和两端的铝环组成。绕线式转子绕组和定子绕组一样,也是采用绝缘导线绕制的三相绕组。三相绕组一般接成星形,三根引出线连接到固定在转轴上的三个滑环上,由一组支持在端盖上的电刷与外电路接通,可以接入附加的启动或调速用电阻。

(3)其他附件,包括机座、端盖、风扇等。机座是由铸铁或钢板制造的,为支持定子和做保护外壳用。端盖是由铸铁制成的,在其中心孔内装有轴承以便支持转子。电动机通风冷却装置是由风扇及外风罩组成的。

82. 三相异步电动机降压启动有哪几种方式？如何选用？

答：降压启动有以下五种启动方式：即定子串电阻（或电抗器）启动、星-三角启动、延边三角形启动、自耦补偿启动、频敏变阻器启动。

（1）定子串电阻（或电抗器）启动，适用于小容量的电动机，启动时将电阻（或电抗器）串入定子回路，外加电源电压经过适当降低后加到电动机定子绕组，使之启动，当电动机的转速升高到接近额定转速时，将电阻（或电抗器）从定子回路中切除。

（2）星-三角启动，只适用于正常运行时三角形接法的电动机。启动时绕组接成星形，接近额定转速时绕组改接成三角形运行。采用星-三角启动时，启动转矩下降到原来的1/3，所以在电动机空载或轻载时使用。

（3）延边三角形启动，电动机启动时，定子绕组接成延边三角形以减小启动电流，启动后接成三角形运行。这种方法比星形启动时启动转矩大，可以频繁启动。它适用于定子绕组中有中间接头的电动机。

（4）自耦补偿器启动，用三相自耦变压器把电源电压降低后，加到定子绕组上，达到减小启动电流的目的，所以适用于启动容量较大的电动机。

（5）频敏变阻器启动，在转子回路中串入它可以限制启动电流和提高启动转矩，使电动机获得良好的启动性能。这种方法适用于绕线式三相异步电动机。

83. 常用接地方式有哪些？各有什么作用？

答：电气设备常用接地方式有保护接地、保护接零、重复接地、工作接地等，各自作用分别为：

（1）保护接地：指把电气设备的金属构架和外壳等，与大地作电气连接。当设备的绝缘被击穿而外壳或构架带电时，因人与设备等电位，所以可避免触电。

（2）保护接零：指在三相四线制低压供电系统中，将电气设备的金属外壳或构架与零线连接。当设备的绝缘被击穿外壳带电时，便形成单相或多相短路，此时线路上的保护装置（如空气断路器或熔断器）迅速动作，使其脱离电源，从而消除触电危险。

（3）重复接地：指零线的一处或多处与大地作电气连接。主要保护作用是当零线断路时，可以避免由于设备的绝缘击穿或三相负荷不平衡等原因使断路零线带电，而不发生触电事故。

（4）工作接地：指将电力系统中的某点（如中性点）直接或经特殊设备与大地作电气连接。作用除满足电力系统正常运行的需要外，还有降低设备对地的绝缘要求，迅速切断出故障的设备和降低人体的接触电压等作用。

84. 低压带电作业有哪些基本安全要求？

答：（1）带电作业必须有人监护，使用的工具必须有绝缘柄，严禁使用锉刀和金属工具。

（2）作业时应有完备的绝缘措施，必须穿长袖衣，戴安全帽，戴手套。

（3）高低压线路同杆架设，应有防止误碰高压线路的措施。

（4）在变压器台上工作时，与高压带电部分必须保持安全距离。

(5)在继电保护二次回路上操作时，应检查电流、电压互感器的二次绕组接地是否可靠，断开电流回路时，应事先把电流互感器二次绕组短路，不许带负荷拆卸电度表。

85. 发现有人触电如何急救?

答:发现有人触电，救护人员应先迅速使其脱离电源，而后进行积极的抢救。

(1)脱离电源:如果是低压触电而且开关就在附近，应立即断开开关。如果是高压触电，应立即通知电管人员停电。也可用相应绝缘等级的工具切断电源线，或在允许的情况下人为制造短路，逼使电源自动跳闸。在触电者脱离电源前，严禁救护人员直接用手或非绝缘物去拉触电者，同时要注意避免其脱离电源后摔伤。

(2)抢救:如果触电者的心跳和呼吸仍存在，应解开衣扣使其安静舒适地平卧，自然恢复。必要时进行人工呼吸或心脏按压(禁打强心针)。如果触电者的心跳呼吸均已停止，在没有致命外伤的情况下，不能认为已经死亡，应立即进行人工呼吸或心脏按压。在请医生前来或送往医院的途中，不允许间断抢救。

86. 怎样选择架空线路的路径和杆位?

答:总的原则是经济、合理、施工维修方便和运行可靠。一般应满足下列要求:

(1)架空线路的路径应尽量选取距离短、转角和跨越少、地质条件好的地段。

(2)线路应尽量靠近道路两侧，为施工和维修创造方便条件。

(3)线路应尽量少占农田，避开洼地。

(4)线路应远离有爆炸物、易燃物和可燃液(气)体的生产厂房、仓库、贮罐等。

(5)转角杆应选择在较平坦的地带，并应考虑有足够的施工紧线场地。

(6)转角杆位置应合理安排，避免相邻两杆档距过大或过小。

(7)直线杆档距要求。①高压线路:城市和居民区为 40～50 m，农村为 60～100 m。②低压线路:城市和居民区为 40～50 m，农村为 40～60 m。③高低压同杆架设时，档距的大小应满足低压线路的要求。

87. 爆炸和火灾危险物质是怎样分类的?

答:有爆炸危险的物质:①可燃气体与空气形成的爆炸性混合物(简称爆炸性混合物)。②易燃液体的蒸气或闪点低于环境温度的可燃液体的蒸气与空气形成的爆炸混合物(简称蒸气爆炸性混合物)。③悬浮状可燃粉尘或可燃纤维与空气形成的爆炸性混合物(简称粉尘或纤维爆炸混合物)。

有火灾危险的物质:①闪点高于场所内环境温度的可燃液体。②不可能形成爆炸混合物的悬浮状或堆积状可燃粉尘或可燃纤维。③固体状可燃物质。

88. 爆炸和火灾危险场所的等级是怎样划分的?

答:爆炸和火灾危险场所的等级，按其物质状态的不同和发生事故的可能性、危险程度，划分为三类八级。

第一类为可燃气体、易燃或可燃液体的蒸气与空气形成爆炸混合物的场所，划分为三级：①Q-1 级，正常情况下能形成爆炸性混合物的场所。②Q-2 级，仅在不正常的情况下形成爆炸混合物的场所。③Q-3 级，仅在不正常的情况下形成爆炸性混合物可能较小的场所。

第二类为悬浮状可燃的粉尘和纤维，与空气形成爆炸性混合物的场所，划分为两级：①G-1 级，正常情况下能形成爆炸性混合物的场所。②G-2 级，仅在不正常情况下能形成爆炸性混合物的场所。

第三类为火灾危险场所，划分为三级：①H-1 级，可燃液体的闪点高于其生产、加工和贮存的温度或环境温度，在数量和配置上，能引起火灾危险的场所。②H-2 级，可燃的悬浮状、堆积状的粉尘或纤维，不可能与空气形成混合物，而在数量上能引起火灾危险的场所。③H-3 级，可燃的固体物质，在数量上配置上能引起火灾危险的场所。

在等级划分中所说的正常情况，是指正常的开车、运转和停车等情况，不正常的情况下，是指装置或设备事故损坏及拆除检修、误操作等情况。

89. 爆炸危险场所进气电气安装应注意什么？

答：(1)绝缘导线必须敷设在钢管内。钢管连接时螺纹啮合应紧密且有效，扣数不少于 5 扣，不许缠麻及涂其他油漆，需涂导电性防锈脂或磷化膏、204 号润滑脂、工业凡士林油，电气管路连接困难时不得采用倒扣，应使用防爆活接头。

(2)导线在管中不得有接头和扭结，其接头应在接线盒内连接，且接头应用熔焊、钎焊或压接法连接。

(3)Q-1 级、Q-2 级、Q-3 级场所钢管配线，当管路穿墙或穿楼引入其他场所均应安装密封隔离盒。

(4)电缆一般应为铠装，否则应符合有关防爆规定。

(5)不同类型的防爆电气设备均有各自的安装要求，安装前应详细阅读设备说明书。安装时应按要求做好密封，使爆炸性混合物不致与易产生火花的带电部分接触而发生爆炸。

(6)爆炸危险场所的电气装置，不论其电压大小和安装位置高低，正常不带电的金属部分必须可靠接地或接零。

90. 防爆电气设备安装应注意什么？

答：在防爆场所装设的电气设备通常有防爆按钮、防爆开关、防爆灯和防爆电机等。无论哪种设备，在安装时都应注意：

(1)严格密封，使爆炸混合物不致与易产生火花的带电部分接触，避免引起爆炸。

(2)要求所有带电接触点或机械摩擦部分，在正常运转时不致产生火花而引起爆炸。因此所有电气接头必须牢固接触，并采用防松措施，如采用防松螺帽、止退弹簧垫等。为保证设备的密封性能，对其进线口必须堵头堵死。

91. 爆炸危险场所，电气设备接地应注意什么？

答：在爆炸危险场所内的电气设备，正常不带电的金属部分，必须可靠接地或接零。连接时应注意：

(1)不准利用金属管道、建筑物的金属构架、电气线路中的工作零线作接地或接零用，必须敷设专用接地或接零线。

(2)接地或接零用的螺栓应有防松措施。接地线紧固前，紧固件均涂工业凡士林油。接地螺栓规格应符合规定：①容量为 10 kW 以上，不小于 M12；②容量为 5～10 kW，不小于 M10；③容量为 5 kW 以下，不小于 M8；④按钮、灯具、小型开关等的接地螺栓不小于 M6。

(3)设备、机组、贮罐、管道等的防静电接地线，应单独与接地体或接地干线相连，不准相互串联接地，接地螺栓不小于 M10。

92. 在腐蚀性场所进行电气安装应注意什么？

答：电气安装时，主要注意防腐。

(1)瓷瓶配线时，应用塑料绝缘导线，如 BLV、BLVV 等型号的导线。

(2)穿管配线时，应使用硬质塑料管，配管的附件也应为塑料材质的。

(3)电缆明设时，应采用 VLV 型全塑电缆或 XLV 型橡皮绝缘塑料护套电缆及专门防腐电缆等。

(4)在腐蚀性环境内，尽量不设置开关和熔断器等装置，必须设置时，应将其装在密闭的箱内和绝缘油中。

(5)灯具及电动机等设备，必须有防腐措施。

93. 硬母线焊接后的质量检验标准是什么？

答：(1)母线焊接的对口应平直，其弯折偏移小于 1/500；中心偏移小于 0.5 mm。

(2)母线对接焊缝的上部应有 2～4 mm 的加强高度，气焊及碳弧焊的对接焊缝尚应在其下部有凸起 2～4 mm，焊口两侧各凸出 4～7 mm 的高度，引下母线采用搭接焊时，其焊缝的加强高度应不小于引下母线的厚度。

(3)接头表面无肉眼可见的裂缝、凹陷、缺肉、气孔及夹渣等缺陷。

(4)咬边深度不得超过母线厚度的 10%，且其总长度不得超过焊缝长度的 20%。

(5)采用乙炔气焊或碳弧焊接的接头，应以 60～80 ℃的清水，将残存的焊药和熔渣清洗干净。

94. 说明变压器的工作原理。

答：变压器是根据电磁感应原理工作的。以单相变压器为例，变压器空载运行时，电源向一次绕组提供了空载电流 I_0，I_0 在变压器的铁芯中产生交变主磁通 Φ，Φ 以铁芯为闭合磁路，同时穿过一、二次绕组。在一次绕组中产生自感电动势 E_1，在二次绕组中产生互感电动势 E_2。如忽略漏抗压降和电阻压降，可认为电源电压 $U_1=E_1$。此时 $U_2=E_2$，则有 $E_1/E_2=U_1/$

$U_2=N_1/N_2=n$。式中，N_1、N_2 分别为一、二次绕组的匝数，n 是变压器的变压比。变压器的负载运行时，在 E_2 的作用下，负载中流过 I_2，I_2 也将在变压器铁芯中产生磁通 Φ'。根据楞次定律可知，Φ'阻碍 Φ 的变化使之减少。随着主磁通 Φ 的减少，E_1 也将变小，由于外加电源电压 U_1 不变，电源电压与 E_1 的差值加大，使一次电流 I_1 增加，以抵消 I_2 的去磁作用，使主磁通 Φ 基本保持不变。所以，变压器在负载运行时，I_1 随 I_2 的增加而增加，I_1 的大小取决于负载的需要，I_1 与 I_2 的比值是变流比。

95. 怎样正确使用钳形电流表？使用时应注意哪些事项？

答：(1)钳形电流表分交流钳形电流表和交直流两用钳形电流表，使用钳形电流表时，根据被测对象正确选用不同类型的钳形电流表，测量交流时可选择 T-301 型；测量直流时应选择交直流两用钳形电流表，如 MG20 和 MG21 型。

(2)选择表计量程，对被测电流应有大概的估计，以便选择合适的量程。若对被测电流值心中无数时，应选用最大电流挡进行测量，得出粗略数值，然后再选择合适的量程测量。

(3)被测导线必须置于钳口中部，钳口必须闭合好。

(4)转换量程时，先将钳口打开再转动量程挡位，要保证在不带电的情况下进行转换，以免损坏仪表。

(5)应注意钳形电流表的电压等级，不得将低压表用于测量高压电路的电流。

(6)进行测量时，要注意对带电部分的安全距离，以免发生触电或造成短路事故。

S1　单相配电盘配线

一、考场准备

要求场地内有照明、三相电源、用电试运行工作台(操作台)、木质安装板、电工常用工具、万用表、木螺栓、导线、编码套管、行线槽及仪器材料明细表上所列元件等。

二、材料工具准备

1. 准备以下所需试品、仪器、材料:

序　号	仪器、材料名称	型号及规格	数　量	备　注
1	单相电度表		1	
2	熔断器		2	
3	两相闸刀		1	
4	塑料单股铜线	30 m、2.5 mm^2	1	
5	手枪钻		1	
6	钢直尺		1	
7	配电盘		1	

2. 以下由考生自备:

序　号	名　称	型号及规格	数　量	备　注
1	劳动保护用品		1	
2	常用电工工具		1	

三、考核内容及要求

1. 考核内容

单相配电盘配线。

2. 考核时限

(1)准备时间:10 min。

(2)正式操作时间:120 min。

(3)规定时间内完成不加分,也不扣分;每超过 1 min 扣 2 分,超过 5 min 停止作业。

3. 考核评分

(1)3 名及以上考评员。

(2)按考核评分记录表中规定评分点各自独立评分,取平均分为评定得分。

(3)满分为 100 分,60 分为及格。

职业技能等级认定
电工(中级)实作技能考核评分记录表

单位:__________ 姓名:__________ 性别:______ 准考证号:__________ 工种:__________ 级别:__________

试题名称:单相配电盘配线　　考核时间:120 min

操作开始时间: 时 分　　操作结束时间: 时 分

项目	分数	序号	考核技术要求及评分标准	配分	扣分	得分	备注
操作技能	90	1	画线定位。位置安排不合适,每处扣3分	20			
		2	配线安装。设备安装不牢,每个扣2分;接线柱接线松动,每个扣1分;接线不规则,每处扣1分;接线有短路,扣20分	60			
		3	工具正确使用。工具使用不规范,每次扣2分	10			
安全生产	10	4	未按规定佩戴劳动保护用品,每处扣2分	5			
		5	作业中出现危及人身安全现象,扣5分	5			
合计	100			100			

考评员签名:　　认定人:　　年 月 日

S2 三相配电盘配线

一、考场准备

要求场地内有照明、三相电源、用电试运行工作台(操作台)、木质安装板、电工常用工具、万用表、木螺栓、导线、编码套管、行线槽及仪器材料明细表上所列元件等。

二、材料工具准备

1. 准备以下所需试品、仪器、材料:

序 号	仪器、材料名称	型号及规格	数 量	备 注
1	三相电度表		1	
2	熔断器		3	
3	三相闸刀		1	
4	塑料单股铜线	50 m、4 mm^2	1	
5	手枪钻		1	
6	钢直尺		1	
7	配电盘		1	

2. 以下由考生自备:

序 号	名 称	型号及规格	数 量	备 注
1	劳动保护用品		1	
2	常用电工工具		1	

三、考核内容及要求

1. 考核内容

三相配电盘配线。

2. 考核时限

(1)准备时间:10 min。

(2)正式操作时间:120 min。

(3)规定时间内完成不加分,也不扣分;每超过 1 min 扣 2 分,超过 5 min 停止作业。

3. 考核评分

(1)3 名及以上考评员。

(2)按考核评分记录表中规定评分点各自独立评分,取平均分为评定得分。

(3)满分为 100 分,60 分为及格。

职业技能等级认定
电工(中级)实作技能考核评分记录表

单位:________　姓名:________　性别:_____　准考证号:________　工种:________　级别:________

试题名称:三相配电盘配线　　　　　　　　　　　　　　　　　　　　　　考核时间:120 min

操作开始时间:　　时　　分　　　　　　　　　　　　操作结束时间:　　时　　分

项目	分数	序号	考核技术要求及评分标准	配分	扣分	得分	备注
操作技能	90	1	画线定位。位置安排不合适,每处扣 3 分	20			
		2	配线安装。设备安装不牢,每个扣 2 分;接线柱接线松动,每个扣 1 分;接线不规则,每处扣 1 分;接线有短路,扣 20 分	60			
		3	工具正确使用。工具使用不规范,每次扣 2 分	10			
安全生产	10	4	未按规定佩戴劳动保护用品,每处扣 2 分	5			
		5	作业中出现危及人身安全现象,扣 5 分	5			
合计	100			100			

考评员签名:　　　　　　　　　　　　　　认定人:　　　　　　　　　　　　年　　月　　日

S3 室内外照明安装

一、考场准备

要求场地内有三相电源、用电试运行工作台(操作台)、木质安装板、电工常用工具、万用表、木螺栓、导线、编码套管、行线槽及仪器材料明细表上所列元件等。

二、材料工具准备

1. 准备以下所需试品、仪器、材料:

序 号	仪器、材料名称	型号及规格	数 量	备 注
1	角钢固定架		4	
2	瓷 柱		20	
3	黑皮线	40 m、4.0 mm^2	1	
4	护套线	40 m、2.5 mm^2	1	
5	配电盘		1	
6	冲击钻		1	
7	开关、灯具、插座		3	

2. 以下由考生自备:

序 号	名 称	型号及规格	数 量	备 注
1	劳动保护用品		1	
2	常用电工工具		1	

三、考核内容及要求

1. 考核内容

室内外照明安装。

2. 考核时限

(1)准备时间:10 min。

(2)正式操作时间:120 min。

(3)规定时间内完成不加分,也不扣分;每超过 1 min 扣 2 分,超过 5 min 停止作业。

3. 考核评分

(1)3 名及以上考评员。

(2)按考核评分记录表中规定评分点各自独立评分,取平均分为评定得分。

(3)满分为 100 分,60 分为及格。

职业技能等级认定
电工(中级)实作技能考核评分记录表

单位:________ 姓名:________ 性别:______ 准考证号:________ 工种:________ 级别:________

试题名称:室内外照明安装 考核时间:120 min

操作开始时间: 时 分 操作结束时间: 时 分

项目	分数	序号	考核技术要求及评分标准	配分	扣分	得分	备注
操作技能	80	1	画固定角钢安装位置草图。安装位置不合理,每处扣 2 分;室内画线定位,定位不合理,每处扣 2 分;垂直、水平线误差超过 5 mm 扣 2 分	20			
		2	配线安装。固定角钢安装不牢固,每个扣 5 分;瓷柱安装不紧,每个扣 1 分;线在瓷柱上绑扎不牢,每处扣 1 分;线排列不直,扣 3 分;线弛度太大或太紧,扣 3 分;接头不符合工艺要求,每个扣 2 分	25			
		3	配线装灯。固定点超过规定距离,每处扣 5 分;导线弯曲半径小,每处扣 5 分;过墙处未穿保护管,每处扣 5 分;导线接头位置不合理,每处扣 5 分;导线垂直、水平误差超过 5 mm,每处扣 2 分;开关固定不牢,每处扣 2 分	25			
		4	通电运行。送电不亮,每次扣 5 分	10			
工具的使用及维护	10	5	正确使用工具,使用不当,每件扣 2 分	10			
安全生产	10	6	未按规定佩戴劳动保护用品,每处扣 2 分	5			
		7	作业中出现危及人身安全现象,扣 5 分	5			
合计	100			100			

考评员签名: 认定人: 年 月 日

S4　安装横担及针式瓷瓶

一、考场准备

要求场地内有照明、三相电源、用电试运行工作台(操作台)、木质安装板、电工常用工具、万用表、木螺栓、导线、编码套管、行线槽及仪器材料明细表上所列元件等。

二、材料工具准备

1. 准备以下所需试品、仪器、材料:

序　号	仪器、材料名称	型号及规格	数　量	备　注
1	横　担		1	
2	脚　扣		1	
3	安全带		1	
4	大　绳		1	
5	针式瓷瓶		3	

2. 以下由考生自备:

序　号	名　称	型号及规格	数　量	备　注
1	劳动保护用品		1	
2	常用电工工具		1	

三、考核内容及要求

1. 考核内容

安装横担及针式瓷瓶。

2. 考核时限

(1)准备时间:10 min。

(2)正式操作时间:90 min。

(3)规定时间内完成不加分,也不扣分;每超过 1 min 扣 2 分,超过 5 min 停止作业。

3. 考核评分

(1)3 名及以上考评员。

(2)按考核评分记录表中规定评分点各自独立评分,取平均分为评定得分。

(3)满分为 100 分,60 分为及格。

职业技能等级认定
电工(中级)实作技能考核评分记录表

单位:________　姓名:________　性别:______　准考证号:________　工种:________　级别:________

试题名称:安装横担及针式瓷瓶　　　　考核时间:90 min

操作开始时间:　　时　　分　　　　操作结束时间:　　时　　分

项目	分数	序号	考核技术要求及评分标准	配分	扣分	得分	备注
操作技能	80	1	安装准备。瓷瓶或金具选择不对每件扣3分,瓷瓶安装缺少垫片每个扣2分	20			
		2	上下杆。登杆工具和杆上作业工具齐全,上下杆要领正确,工具不齐全每件扣5分,上下杆掉物每件扣5分	20			
		3	杆上作业。横担安装方向正确,抱箍牢固,横担不平扣3分,抱箍不紧扣5分,缺少垫片每个扣2分,横担安装位置不对扣5分	20			
		4	瓷瓶绑扎。绑扎不紧,每处扣3分,绑扎位置不对扣5分,绑扎材料不符合规定扣3分	20			
工具的使用及维护	10	5	正确使用工具,使用不当,每件扣2分	10			
安全生产	10	6	未按规定佩戴劳动保护用品,每处扣2分	5			
		7	作业中出现危及人身安全现象,扣5分	5			
合计	100			100			

考评员签名:　　　　　　　　认定人:　　　　　　　　年　　月　　日

S5　判断三相异步电动机定子绕组的首尾

一、考场准备

要求场地内有照明、三相电源、三相异步电动机、用电试运行工作台(操作台)、木质安装板、电工常用工具、万用表、木螺栓、导线、编码套管、行线槽及仪器材料明细表上所列元件等。

二、材料工具准备

1. 准备以下所需试品、仪器、材料：

序　号	仪器、材料名称	型号及规格	数　量	备　注
1	万用表		1	
2	三相电动机		1	
3	1号电池		2	

2. 以下由考生自备：

序　号	名　称	型号及规格	数　量	备　注
1	劳动保护用品		1	
2	常用电工工具		1	

三、考核内容及要求

1. 考核内容

判断三相异步电动机定子绕组的首尾。

2. 考核时限

(1)准备时间：10 min。

(2)正式操作时间：60 min。

(3)规定时间内完成不加分，也不扣分；每超过 1 min 扣 2 分，超过 5 min 停止作业。

3. 考核评分

(1)3 名及以上考评员。

(2)按考核评分记录表中规定评分点各自独立评分，取平均分为评定得分。

(3)满分为 100 分，60 分为及格。

职业技能等级认定
电工(中级)实作技能考核评分记录表

单位:__________ 姓名:__________ 性别:______ 准考证号:__________ 工种:__________ 级别:__________

试题名称:判断三相异步电动机定子绕组的首尾 考核时间:60 min

操作开始时间: 时 分 操作结束时间: 时 分

项目	分数	序号	考核技术要求及评分标准	配分	扣分	得分	备注
操作技能	80	1	正确使用万用表,测量挡位正确。万用表没有校准零位扣5分,万用表挡位选择不对扣5分	10			
		2	判断电动机绕组首尾。三个绕组的区分,绕组首尾的判断。三个绕组未分清扣10分,绕组首尾分不清,每个绕组扣5分	60			
		3	万用表挡位放置。判断完成后万用表应放置正确挡位,未放置正确挡位扣5分	10			
工具的使用及维护	10	4	正确使用工具,使用不当,每件扣2分	10			
安全生产	10	5	未按规定佩戴劳动保护用品,每处扣2分	5			
		6	作业中出现危及人身安全现象,扣5分	5			
合计	100			100			

考评员签名: 认定人: 年 月 日

S6　安装三相电度表

一、考场准备

要求场地内有照明、三相电源、用电试运行工作台(操作台)、木质安装板、电工常用工具、万用表、木螺栓、导线、编码套管、行线槽及仪器材料明细表上所列元件等。

二、材料工具准备

1. 准备以下所需试品、仪器、材料：

序　号	仪器、材料名称	型号及规格	数　量	备　注
1	三相电度表		1	
2	万用表		1	
3	负　载		1	
4	白　纸		1	
5	直　尺		1	

2. 以下由考生自备：

序　号	名　称	型号及规格	数　量	备　注
1	劳动保护用品		1	
2	常用电工工具		1	

三、考核内容及要求

1. 考核内容

安装三相电度表。

2. 考核时限

(1)准备时间：10 min。

(2)正式操作时间：60 min。

(3)规定时间内完成不加分，也不扣分；每超过 1 min 扣 2 分，超过 5 min 停止作业。

3. 考核评分

(1)3 名及以上考评员。

(2)按考核评分记录表中规定评分点各自独立评分，取平均分为评定得分。

(3)满分为 100 分，60 分为及格。

职业技能等级认定
电工(中级)实作技能考核评分记录表

单位：________ 姓名：________ 性别：_____ 准考证号：________ 工种：________ 级别：________

试题名称：安装三相电度表　　　　考核时间：60 min

操作开始时间：　时　分　　　　操作结束时间：　时　分

项目	分数	序号	考核技术要求及评分标准	配分	扣分	得分	备注
操作技能	80	1	绘制三相电度表接线原理图，错误一处扣2分，电工符号不正确每处扣1分，极性标注错误每处扣1分	30			
		2	按原理图进行接线，与原理图不符每处扣2分，接线纷乱扣2分，连接不牢固每处扣1分	30			
		3	接通电源负载，电度表不能计量扣10分	20			
工具的使用及维护	10	4	正确使用工具，使用不当，每件扣2分	10			
安全生产	10	5	未按规定佩戴劳动保护用品，每处扣2分	5			
		6	作业中出现危及人身安全现象，扣5分	5			
合计	100			100			

考评员签名：　　　　认定人：　　　　年　月　日

S7　10 kV 变压器停电倒闸操作

一、考场准备

要求场地内有照明、三相电源、10 kV 变压器、闸刀、用电试运行工作台(操作台)、电工常用工具、万用表、导线、编码套管、行线槽及仪器材料明细表上所列元件等。

二、材料工具准备

1. 准备以下所需试品、仪器、材料：

序　号	仪器、材料名称	型号及规格	数　量	备　注
1	绝缘手套		1	
2	绝缘靴		1	
3	验电器		1	
4	接地线		1	
5	熔断器		1	

2. 以下由考生自备：

序　号	名　称	型号及规格	数　量	备　注
1	劳动保护用品		1	
2	常用电工工具		1	

三、考核内容及要求

1. 考核内容

10 kV 变压器停电倒闸操作。

2. 考核时限

(1)准备时间:10 min。

(2)正式操作时间:60 min。

(3)规定时间内完成不加分,也不扣分;每超过 1 min 扣 2 分,超过 5 min 停止作业。

3. 考核评分

(1)3 名及以上考评员。

(2)按考核评分记录表中规定评分点各自独立评分,取平均分为评定得分。

(3)满分为 100 分,60 分为及格。

职业技能等级认定
电工(中级)实作技能考核评分记录表

单位:＿＿＿＿＿　姓名:＿＿＿＿＿　性别:＿＿＿　准考证号:＿＿＿＿＿　工种:＿＿＿＿＿　级别:＿＿＿＿＿

试题名称:10 kV 变压器停电倒闸操作　　　　考核时间:60 min

操作开始时间:　　时　　分　　　　操作结束时间:　　时　　分

项目	分数	序号	考核技术要求及评分标准	配分	扣分	得分	备注
操作技能	80	1	开关操作。操作程序正确,操作要领得当。开关与断路器顺序颠倒扣 40 分,其他开关顺序颠倒扣 10 分,没有装设接地线扣 20 分,接地线位置不正确扣 10 分,操作要领不得当扣 10 分	80			
工具的使用及维护	10	2	正确使用工具,使用不当,每件扣 2 分	10			
安全生产	10	3	未按规定佩戴劳动保护用品,每处扣 2 分	5			
		4	作业中出现危及人身安全现象,扣 5 分	5			
合计	100			100			

考评员签名:　　　　认定人:　　　　年　　月　　日

S8　对电容器屏更换熔断器

一、考场准备

要求场地内有照明、三相电源、闸刀、用电试运行工作台(操作台)、木质安装板、电工常用工具、万用表、木螺栓、导线、编码套管、行线槽及仪器材料明细表上所列元件等。

二、材料工具准备

1. 准备以下所需试品、仪器、材料:

序　号	仪器、材料名称	型号及规格	数　量	备　注
1	绝缘手套		1	
2	绝缘靴		1	
3	验电器		1	
4	接地线		1	
5	熔断器		1	

2. 以下由考生自备:

序　号	名　称	型号及规格	数　量	备　注
1	劳动保护用品		1	
2	常用电工工具		1	

三、考核内容及要求

1. 考核内容
对电容器屏更换熔断器。
2. 考核时限
(1)准备时间:10 min。
(2)正式操作时间:90 min。
(3)规定时间内完成不加分,也不扣分;每超过 1 min 扣 2 分,超过 5 min 停止作业。
3. 考核评分
(1)3 名及以上考评员。
(2)按考核评分记录表中规定评分点各自独立评分,取平均分为评定得分。
(3)满分为 100 分,60 分为及格。

职业技能等级认定
电工(中级)实作技能考核评分记录表

单位:__________ 姓名:__________ 性别:______ 准考证号:__________ 工种:__________ 级别:__________

试题名称:对电容器屏更换熔断器 考核时间:90 min

操作开始时间: 时 分 操作结束时间: 时 分

项目	分数	序号	考核技术要求及评分标准	配分	扣分	得分	备注
操作技能	80	1	倒闸操作。操作程序正确,操作要领得当。操作要领不得当扣5分,操作顺序颠倒扣10分,接地线安装位置不对扣5分	30			
		2	查找熔断器熔断原因及正确处理。查找不出原因扣10分	20			
		3	投入电容器组试运行。操作程序正确,操作要领得当。操作要领不得当扣5分,操作顺序颠倒扣10分	30			
工具的使用及维护	10	4	正确使用工具,使用不当,每件扣2分	10			
安全生产	10	5	未按规定佩戴劳动保护用品,每处扣2分	5			
		6	作业中出现危及人身安全现象,扣5分	5			
合计	100			100			

考评员签名: 认定人: 年 月 日

S9　10 kV 避雷器及配线安装

一、考场准备

要求场地内有照明、三相电源、10 kV 避雷器、用电试运行工作台(操作台)、木质安装板、电工常用工具、万用表、木螺栓、导线、编码套管、行线槽及仪器材料明细表上所列元件等。

二、材料工具准备

1. 准备以下所需试品、仪器、材料:

序　号	仪器、材料名称	型号及规格	数　量	备　注
1	10 kV 避雷器		1	
2	压接钳		1	
3	铁　线	3.0 mm^2	1	
4	螺　栓		若干	
5	接线鼻子		3	
6	并沟线夹		4	

2. 以下由考生自备:

序　号	名　称	型号及规格	数　量	备　注
1	劳动保护用品		1	
2	常用电工工具		1	

三、考核内容及要求

1. 考核内容

10 kV 避雷器及配线安装。

2. 考核时限

(1)准备时间:10 min。

(2)正式操作时间:120 min。

(3)规定时间内完成不加分,也不扣分;每超过 1 min 扣 2 分,超过 5 min 停止作业。

3. 考核评分

(1)3 名及以上考评员。

(2)按考核评分记录表中规定评分点各自独立评分,取平均分为评定得分。

(3)满分为 100 分,60 分为及格。

职业技能等级认定
电工(中级)实作技能考核评分记录表

单位:＿＿＿＿＿　姓名:＿＿＿＿＿　性别:＿＿＿　准考证号:＿＿＿＿＿　工种:＿＿＿＿＿　级别:＿＿＿＿＿

试题名称:10 kV 避雷器及配线安装　　考核时间:120 min

操作开始时间:　　时　　分　　　　操作结束时间:　　时　　分

项目	分数	序号	考核技术要求及评分标准	配分	扣分	得分	备注
操作技能	80	1	上下杆。登杆工具和杆上作业工具齐全,上下杆要领正确,工具不齐全每件扣 5 分,上下杆掉物每件扣 5 分	20			
		2	杆上作业,地面预制和引线安装。避雷器安装不正确扣5 分,连接不牢固每处扣 2 分,少安装垫片每个扣 1 分,配线不横平竖直扣 3 分	60			
工具的使用及维护	10	3	正确使用工具,使用不当,每件扣 2 分	10			
安全生产	10	4	未按规定佩戴劳动保护用品,每处扣 2 分	5			
		5	作业中出现危及人身安全现象,扣 5 分	5			
合计	100			100			

考评员签名:　　　　认定人:　　　　年　　月　　日

S10　热缩电缆终端头的制作

一、考场准备

要求场地内有照明、三相电源、用电试运行工作台(操作台)、木质安装板、电工常用工具、万用表、木螺栓、导线、编码套管、行线槽及仪器材料明细表上所列元件等。

二、材料工具准备

1. 准备以下所需试品、仪器、材料：

序　号	仪器、材料名称	型号及规格	数　量	备　注
1	热缩电缆头及附件			
2	钢　锯		1	
3	压接钳		1	
4	加热器具		4	
5	铁皮剪刀		1	

2. 以下由考生自备：

序　号	名　称	型号及规格	数　量	备　注
1	劳动保护用品		1	
2	常用电工工具		1	

三、考核内容及要求

1. 考核内容

热缩电缆终端头的制作。

2. 考核时限

(1)准备时间:10 min。

(2)正式操作时间:240 min。

(3)规定时间内完成不加分,也不扣分;每超过 1 min 扣 2 分,超过 5 min 停止作业。

3. 考核评分

(1)3 名及以上考评员。

(2)按考核评分记录表中规定评分点各自独立评分,取平均分为评定得分。

(3)满分为 100 分,60 分为及格。

职业技能等级认定
电工(中级)实作技能考核评分记录表

单位:________　姓名:________　性别:_____　准考证号:________　工种:________　级别:________

试题名称:热缩电缆终端头的制作　　　　　　　　　　考核时间:240 min

操作开始时间:　　时　　分　　　　　　　　操作结束时间:　　时　　分

<table>
<tr><th>项目</th><th>分数</th><th>序号</th><th>考核技术要求及评分标准</th><th>配分</th><th>扣分</th><th>得分</th><th>备注</th></tr>
<tr><td rowspan="2">操作技能</td><td rowspan="2">80</td><td>1</td><td>电缆头的剥削和接地线的固定。剥削尺寸超过 8 mm 扣 3 分,剥伤线芯绝缘层每处扣 5 分,接地线固定不可靠扣 3 分,钢铠处有毛刺扣 5 分</td><td>25</td><td></td><td></td><td></td></tr>
<tr><td>2</td><td>套管、加热、压接端子。套管位置不对有误差扣 3 分,加热收缩后有皱折不均匀每处扣 1 分,有裂纹每处扣 5 分,接线端子压接不可靠每个扣 3 分,有明显的密封问题扣 10 分</td><td>55</td><td></td><td></td><td></td></tr>
<tr><td>工具的使用及维护</td><td>10</td><td>3</td><td>正确使用工具,使用不当,每件扣 2 分</td><td>10</td><td></td><td></td><td></td></tr>
<tr><td rowspan="2">安全生产</td><td rowspan="2">10</td><td>4</td><td>未按规定佩戴劳动保护用品,每处扣 2 分</td><td>5</td><td></td><td></td><td></td></tr>
<tr><td>5</td><td>作业中出现危及人身安全现象,扣 5 分</td><td>5</td><td></td><td></td><td></td></tr>
<tr><td>合计</td><td>100</td><td></td><td></td><td>100</td><td></td><td></td><td></td></tr>
</table>

考评员签名:　　　　　　　　　　　　认定人:　　　　　　　　年　　月　　日

第三部分　高　级　工

1. 戴维南定理的内容是什么?

答:任意由线性元件构成的有源二端网络都可用一个等效电源代替,等效电源的电动势等于有源二端网络开路电压。内阻等于二端网络中电源均为零时的等效电阻。

2. 安装电气测量仪表的原则是什么?

答:必须符合电力系统和电力设备运行监督的要求及仪表本身的安装地点、温度、湿度和安装方法等要求,力求技术先进、经济合理、准确可靠、监视方便。

3. 测量误差分为哪几类?引起这些误差的主要原因是什么?

答:测量误差可分三类:①系统误差。②偶然误差。③疏忽误差。引起这些误差的主要原因是测量仪表不够准确,人的感觉器官反应能力限制,测量经验不足,方法不适当和不完善等。

4. 电气装置为什么常常出现过热故障?

答:电气装置长期过负荷运行是过热的主要原因。其次则是导线接头、设备接线接触不良,开关设备触头压力减小,接触电阻不符合要求等。

5. 触头熔焊的原因有哪些?

答:常见的触头熔焊原因是选用不当,触头容量太小;负载电流过大,操作频率过高;触头弹簧损坏,初压力减小。

6. 什么是系统误差?其原因和消除方法有哪些?

答:在测量过程中保持恒定或者遵循某种规律变化的误差称为系统误差。系统误差包括两个方面的原因:①测量仪表、设备本身误差。②测量方法不够完善。消除的方法有校正测量仪器,选择相对精度准确的仪表设备,重复测量。

7. 什么是偶然误差?其原因和消除方法有哪些?

答:偶然误差(又称随机误差)是一种大小、符号都不确定的,偶发原因引起的误差。产生偶然误差的原因较多,例如环境、磁场、电源的效率、湿度、温度变化等。消除方法有对被测物进行多次重复测量,求取算术平均值。

8. 什么是疏忽误差？其原因和消除方法有哪些？

答:疏忽误差是一种严重歪曲测量结果，由读数错误、记录错误、计算错误等疏忽大意产生的误差。经多次一丝不苟的检查测量，能纠正错误，消除误差。

9. 如果被测交流电流较小时，如何使钳型电流表具有明显的读数？

答:如果被测交流电流较小，读数不明显，可以在卡口上多绕几匝再测。此时，测得的读数必须除以所绕的匝数才是电路实际电流值。

10. 电压源与电流源之间在等效时应注意哪些问题？

答:(1)应保持 E 与 I_S 的方向一致。

(2)理想电压源与理想电流源之间不能进行等效。

(3)与理想电压源并联的电阻或电流源均不起作用，应作开路处理。

(4)与理想电流源串联的电阻或电压源均不起作用，应作短路处理。

11. 什么是叠加原理？其主要用途是什么？

答:在线性电路中，任何一条支路的电流(或电压)都是电路中各个电源单独作用时在该支路中产生的电流(或电压)的代数和，这个结论是叠加原理。叠加原理主要用来指导其他定理、结论和分析电路。

12. 什么是涡流？它有什么利弊？

答:涡流是涡旋电流的简称。迅速变化的磁场在整块导体(包括半导体)内引起的感应电流，其流过的路线呈旋涡形，这就是涡流。涡流也是一种电磁感应现象。磁场变化越快，感应电动势就越大，涡流就越强。涡流能使导体发热，形成涡流损耗。但也可以利用涡流来取得热量，加以利用，如高频感应炉就是依据这个原理制成。

13. 什么是零点漂移？解决零点漂移的有效措施是什么？

答:在多级直流放大电路中，当输入信号为零时，在输出端出现的偏离零点的变化缓慢的不规则信号的现象为零点漂移。克服零点漂移最有效且最常用的措施是采用差动式放大电路。

14. 独立避雷针、避雷带的接地电阻，配电变压器的工作接地电阻，其阻值要求应为多少？

答:一般独立避雷针、避雷带等接地电阻均不大于 10 Ω，配电变压器容量小于 100 kV · A，接地电阻亦不大于 10 Ω。若容量在 100 kV · A 或大于 100 kV · A 时，其接地电阻小于 4 Ω。

15. 什么是功率因数？提高负荷功率因数有何意义？

答:有功功率与视在功率的比值是功率因数。提高负荷的功率因数可以充分利用电源设备的容量，同时还可以减小供电线路的功率损耗和电压损失。

16. 常用的扩大电流表量程的方法有哪几种？

答：(1)对于磁电系电流表，用并联分流电阻的方法。

(2)对于电磁系、电动系交流电流表，常采用附加电流互感器的方法。

17. 什么是电压继电器？

答：电压继电器是一种按一定电压值动作的继电器，即当被保护或控制的电路电压值大于或小于继电器的整定电压时，继电器动作，切断或接通被保护或控制的电路。

18. 什么是放电率？

答：蓄电池若以大电流放电时，到达终了电压的时间短。若以小电流放电时，到达终了电压的时间长。放电至终了电压的快慢，为放电率。

19. 中间继电器的结构和作用是什么？

答：中间继电器由电磁系统、触头系统和复位弹簧等主要部分组成。中间继电器具有触点多、触点允许通过的电流较大、反应灵敏等特点，中间继电器一般均用于控制电路中作信号放大或多路控制转换。若主电路的电流不超过 5 A，也可用来代替接触器开闭主电路，实现主电路的自动控制。

20. 电磁式电流继电器的作用原理是什么？

答：继电器在正常时通过较小的电流，电磁铁产生磁通，由于反作用力弹簧的作用，舌片被拉住不能偏转。当线圈中的电流增大到一定程度时，便产生足够大的力，克服反作用力，舌片便被吸引接近磁极，继电器的常开接点闭合，常闭接点断开。

21. 电工测量仪表按其结构和用途，可以分为哪几类？

答：电工测量仪表按其结构和用途不同，可以分为以下几类：①指示仪表类。②比较仪器类。③数字式仪表和巡回检测装置类。④记录仪表和示波器类。⑤扩大量程装置和变换器等。

22. 电机干燥方法通常有哪些？

答：通常有热烘干燥和电流加热干燥。无论哪种干燥法，在干燥时都要注意控制温度，不能使温度过高，以免造成电机绝缘受伤。A 级绝缘，电机干燥温度不要超过 85 ℃；E 级绝缘不要超过 95 ℃。

23. 三相交流异步电动机常见的电气故障和机械故障有哪些？

答：三相交流异步电动机常见的电气故障有：①缺相运行。②接线错误。③绕线短路。

④绕组开路。⑤绕组接地。

常见的机械故障有：①定子和转子相擦。②转动部分不灵或被异物卡住。③润滑不良或轴承损坏。

24. 什么是晶闸管的控制角与导通角，它们与整流输出电压有何关系？

答：晶闸管在正向阳极电压下不导通的范围是控制角，而导通的范围则称为导通角。控制角越小，整流输出电压越高，反之整流输出电压就越低。导通角越小，整流输出电压越低，反之整流输出电压就越高。

25. 单结晶体管在什么情况下导通，导通后又在什么情况下截止？

答：单结晶体管的发射极电压高于峰点电压时，晶体管导通。导通后若发射极电压降低至谷点电压时，其电流又小于谷点电流就要截止。

26. 常用功率表的构造有何特点？

答：要利用一个表测量电路中的功率，就需反映电压和电流的乘积，这只有电动系测量机构才能满足这个要求，所以，常用功率表都采用电动系测量机构。但它和一般的电动系电压表或电流表的结构不同，定圈和动圈不是串联构成一个支路，而是分别接在与负载串联和并联的支路中。

27. 仪表的误差分为哪几类？

答：仪表的误差分为两类：基本误差和附加误差。

(1)基本误差是仪表由于制造工艺条件的限制，本身所固有的误差。例如摩擦，轴承、轴尖倾斜，刻度不够准确，均属于基本误差。

(2)附加误差是仪表偏离了规定的工作条件，例如波形非正弦，温度过高、过低，还有外磁场、电场的干扰等，形成总误差称为附加误差。

28. 电磁式时间继电器组成及作用是什么？

答：电磁式时间继电器由线圈、电磁铁、可动铁芯、瞬动触点、弹簧、标度尺、主触点、离合器及一套钟表传动机构组成。其作用是在继电保护装置动作时限配合，以获得一定的延时，保证切除发生故障的部分而不影响其他部分正常供电。

29. 功率放大器与小信号电压放大器相比较，有哪些主要不同之处？

答：主要不同之处在于小信号放大器要求获得尽可能高的电压(或电流)，而功率放大器则考虑尽可能大地不失真输出功率，且其动态工作电流和电压变化幅度都比较大。

30. 常用的晶闸管触发电路有哪几种？

答：①阻容移相触发电路。②单结晶管触发电路。③正弦波同步触发电路。④锯齿波同步触发电路。⑤集成触发电路。

31. 怎样使用兆欧表测量电力电容的绝缘电阻?

答:(1)首先断开电容器的电源,将电容器充分放电(多次放电)。

(2)按电容器的额定电压选择兆欧表的电压等级。

(3)用兆欧表测量其放电后的电容器。在摇动兆欧表(电容器充电完毕)时,让兆欧表表针从零慢慢上升到一定数值后不再摆动,其表针稳定后,方是电容器绝缘阻值。

(4)测量完毕,在兆欧表与电容器连接导线断开后,兆欧表方能停止转动,否则电容放电会烧毁兆欧表。

(5)若再次测量或测量完毕,需及时放电,以免烧坏兆欧表或电击伤害人员。

32. 简析工作接地与保护接地。

答:为了使电力系统以及电气设备安全可靠地运行,将系统中的某一点或经某一些设备直接或间接接地,称为工作接地。为了保证人身安全,把正常情况下不带电的金属外壳和电气故障情况下可能出现危险的对地电压的金属部分与接地装置可靠连接,这种接地称为保护接地。

33. 简析接地、接地体、接地线和接地装置。

答:电气设备、配电装置以及电力系统中的某一点与大地作良好的连接称为接地。埋入地下或与大地接触的金属导体或导体组称为接地体。电气设备接地部分与接地体的连接导体称为接地线。接地体、接地线的总称为接地装置。

34. 单臂电桥与双臂电桥各适用于何种情况?

答:单臂电桥适用于测量较大电阻值的配电设备被测物,例如 QJ23 型惠斯登单臂电桥测量范围为 $1\sim10^6\ \Omega$,若需要测量较小的电阻,第一不精确,第二超出测量范围。而双臂电桥适用于测量小电阻,例如 QJ103 型凯尔文电桥的测量范围为 $10^{-4}\sim11\ \Omega$,为了保证电桥精度,此种电桥在构造上采取了措施,保证能消除连接导线和接线柱接线的影响。

35. 什么是直流电、稳恒直流电?什么是交流电?

答:方向不随时间变化的电流称为直流电,简称直流。若方向和大小都不随时间变化的电流称为稳恒直流电。方向和大小都随时间做周期性变化的电流称为交流电,简称交流。交流电的最基本形式是正弦交流电。

36. 在三相四线制供电系统中,中性线的作用是什么?简述原因。

答:中性线的作用就在于使星形连接的三相不对称负载的相电压保持对称。因为中性线为三相不对称负载的电流提供了一条通路,使电源中性点与负载中性点用中性线连通,减少中性点位移,使各负载电压都比较稳定。如果中性线断开,将产生较严重的中性点位移,使各相负载电压改变，不能正常工作。

37. 什么是接地电阻？接地电阻可用哪些方法测量？

答：接地体或自然接地体的对地电阻和接地线电阻的总和称为接地装置的接地电阻。接地电阻的数值等于接地装置对地电压与通过接地体流入地中电流的比值。测量接地电阻的方法一般有下列几种：①接地电阻测量仪测量法。②电流表-电压表测量法。③电流表-功率表测量法。④电桥测量法。⑤三点测量法。

38. 电气测量误差有哪几种表达形式？

答：电气测量的误差形式分为绝对误差、相对误差和引用误差三种。

(1)绝对误差：测量值与被测量真值之差称为绝对误差。令测量值为 A_x，测量真值为 A_0，绝对误差为 A_Δ，则 $A_\Delta=A_x-A_0$。

(2)相对误差：绝对误差与被测真值之比，并用百分数表示。令相对误差为 r，则有 $r=A_\Delta/A_0\times100\%$。

(3)引用误差：它是以仪表的某一刻度点读数的绝对误差为分子，以仪表上限量为分母比值的百分数。引用误差实质是一种简化和实用方便的仪器仪表示值的相对误差。令引用误差为 r_n，仪表上限量为 A_n，则有 $r_n=A_\Delta/A_n\times100\%$。

39. 接地电阻测量仪怎样使用(图 3-1)？

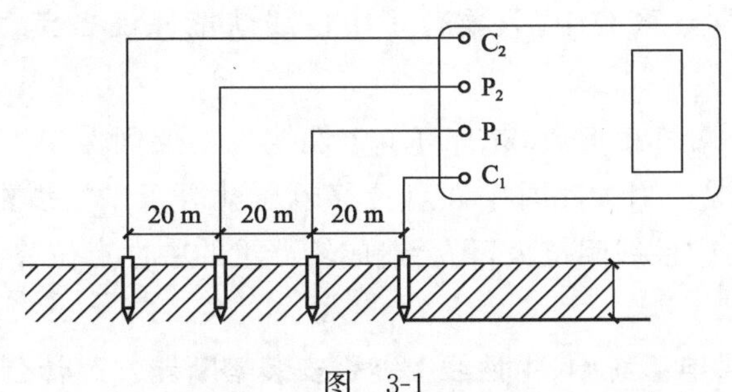

图　3-1

答：(1)将被测接地极接至仪器的 E 接线柱(即 P_2、C_2 连接点)，电位探针和电流探针插在距离接地极 20 m 的地方，电位探针可近一些，并用导线将探针与 P_1、C_1 接线柱连接。

(2)调整仪器指针。

(3)将倍率开关置于最大倍率挡，缓缓摇动发电机手柄，同时调节测量标度盘，使检流计电流趋近于零位，然后发电机转速达 120 r/min，随时调节测量标度盘使指针为零。接地电阻＝倍率×标度盘读数，如果测量标度盘读数小于 1，则应将倍率钮置于较小挡测量。

(4)ZC-8 型接地测量仪也可以用来测量电阻。将 P_1、C_1 接线柱用导线短接，再将被测电阻接在 E(即 P_2、C_2 点)与 P_1(即 C_1 点)之间，测量同前一样。

40. 备用电源自动投入装置有什么用途？它的动作原理是什么？

答：当工作电源开关由于某种原因而断开时，备用电源立即自动投入，以保证可靠供电，减少间断的时间。投入备用电源是自动投入装置进行的，常见备用电源自动投入装置的动作原理是工作电源中断后，电压继电器动作，切断工作电源的断路器，并通过一系列继电器（中间继电器、备用电源合闸操作机构等）将备用电源自动投入。

41. 双臂电桥为什么能够测量小电阻？

答：单臂电桥之所以不能测量小电阻，是因为用单臂电桥测出值包含有桥臂间的引线电阻与接触电阻。当接触电阻与被测电阻相比不能忽略时，测量结果就有很大误差。而双臂电桥电位接头的接线电阻和接触电阻位于R_1、R_2、R_1'、R_2'（双桥桥臂电阻）支路中，如果在制造时令R_1、R_2、R_1'、R_2'都比10 Ω大，那么接触电阻的影响就可以忽略不计。另外，双臂电桥电流接头的接线电阻和接触电阻一端包含在电阻r里面，而r是在更正项中，对双臂电桥平衡不发生影响，另一端包含在电源电路中，对测量结果也不会产生影响。

42. 使用双臂电桥要注意哪些问题？

答：被测电阻应与电桥的电位接线柱相连，电位接头应比电流接头更靠近被测电阻。被测电阻本身如果没有什么接头之分，应自行引出两个接头，而且连接时不能将两个接头连在一起。双臂电桥工作电流比较大，电源需要的容量大，测量速度要快，测量完应立即关断电源。

43. 在三相四线制供电系统中，只要有了中性线就能保证各负载相电压对称吗？简述原因。

答：在三相四线制不对称星形负载中，有了中性线也不能确保中性点不位移，仍会存在三相负载电压不对称的情况。因为此时中性点位移电压就等于中性线电流与中性线阻抗的乘积。如果中性线电流大，中性线阻抗大，仍会造成较严重的中性点位移。

44. 在三相四线制供电系统中，中性线上能否安装熔断器？为什么？

答：不能安装熔断器。因为在三相四线制不对称星形负载中，中性线电流乘以中性线阻抗就等于中性点位移电压。若中性线上安装了熔断器，一旦发生断路，会使中性线阻抗变为无穷大，产生严重的中性点位移，使三相电压严重不对称。因此在实际工作中，除了要求中性线不准断开（如中性线上不准装开关、熔断器等），还规定中性线截面积不得低于相线截面积的1/3。同时要力求三相负载平衡，以减小中性线电流，让中性点位移减小到允许程度，保证各相电压基本对称。

45. 为什么在日常生产中多采用指示仪表，而在实验室又多采用比较仪器？

答：因为用指示仪表进行测量，其结果可以由指示器中直接读出，使用起来迅速、方便，再加之仪表成本低、易于维修，尽管指示仪表的准确度不高，但能满足一般生产的需要，故在日常生产中多采用指示仪表。实验室的测量,需要较高的准确性,而比较仪器的准确度较高,测量结果准确,尽管操作较麻烦、设备成本高、维修要求高,但实验室中的测量仍多用比较仪器。

46. 阀型避雷器的工作原理是怎样的?

答:阀型避雷器由火花间隙和阀片电阻等串联组成,外壳为瓷套管。当线路(即系统)正常运行时,其避雷器火花间隙与大地隔开。当线路出现过电压时,火花间隙被击穿,由于阀片电阻的非线性,其电阻急剧变小与大地形成通路,将雷电流泄入大地。当雷电流通过后,其阀片电阻自动变大,限制工频续流,使得火花间隙迅速灭弧,并恢复正常。

47. 简述磁吹避雷器的结构、工作原理以及适用的场所。

答:磁吹避雷器由瓷套管(外壳)、主放电间隙、分流间隙、磁场线圈组成。工作原理是当雷电流通过时,线圈两端压降很大,分流间隙动作将线圈短路,经主火花间隙流入大地。当工频续流时线圈两端电压降很小,分流间隙自动灭弧,于是续流通过线圈产生磁场使电弧运动,由于磁吹避雷器增大了续流和提高了火花间隙的灭弧能力,改善了保护特性,它对内部过电压的保护范围扩大了。磁吹避雷器适用于旋转电机和高压大型电站防雷保护。

48. 什么是共发射极放大电路的直流通路?有什么用途?怎样绘制?

答:直流通路就是放大电路的直流等效电路。即在静态时,放大器的输入回路和输出回路的直流电流通路。主要是用来计算放大电路的静态工作点。在画直流通路时,只需把所有的电容器做断路处理,其余不变。

49. 什么是放大电路的交流通路?有什么用途?怎样绘制?

答:交流通路就是放大电路的交流等效电路。即在动态时,放大器的输入回路和输出回路的交流电流通路。主要是用来计算放大电路的电压放大倍数、输入电阻、输出电阻及交流有关电量。在画交流通路时,要把电容器和直流电源都视为短路,其余不变。

50. 放大电路中静态工作点设置不当会给放大器的工作带来什么影响?

答:放大器中如果静态工作点设置不当,可能使放大器的输出信号失真。如果静态工作点设置过高,将使输出电流的正半周削顶,输出电压的负半周削顶,产生饱和失真。如果静态工作点设置过低,将使输出电流的负半周削顶,输出电压的正半周削顶,产生截止失真。

51. 对晶体管多级放大电路中级间耦合电路有什么具体的要求?

答:晶体管多级放大电路中,无论采用什么方式的级间耦合电路,都需要满足以下几个基本要求,以保证电路正常工作:

(1)要保证前级的电信号能顺利地传输给后级。

(2)耦合电路对前、后级放大电路的静态工作点没有影响。

(3)电信号在传输过程中失真要小,级间传输效率要高。

52. 在晶体管多级放大电路中,常采用哪些耦合方式?各用在什么电路中?

答:在晶体管多级放大电路中的级间耦合电路,多采用阻容耦合、变压器耦合及直接耦合方式。其中阻容耦合方式多用在低频交流电压放大电路中。变压器耦合多用在功率放大电路中。直接耦合方式则用在直流(以及极低频)的放大电路中。

53. 什么是负反馈?负反馈对晶体管放大电路的性能有哪些影响?

答:将放大器输出信号的一部分或全部,经过一定的电路送回到放大器的输入端,并与输入信号相结合而成的过程称为反馈。若反馈回来的信号对输入信号起削弱作用的称为负反馈。在放大电路中引入了负反馈会使电路的放大倍数降低,但放大倍数的稳定性会得到提高。负反馈能使非线性失真减小,还能使放大电路的输入电阻和输出电阻的阻值发生变化。

54. 射极输出器有什么特点?多用在什么电路中?

答:射极输出器就是射极输出放大电路。输出信号是由晶体三极管的发射极输出的。射极输出器的反馈系数为1,电压放大倍数略小于1,具有电流放大作用,输入输出电压同相,输入电阻大、输出电阻小。射极输出器多用作多级放大电路的输入级和输出级,还可作为阻抗变换器。

55. 什么是正弦波振荡电路?有何特点?

答:晶体管正弦波振荡电路是一种能量变换装置,把直流电变换为具有一定频率和幅值的正弦交流电。这种变换无须外加输入信号控制,通过振荡器本身的作用就能完成。常用的正弦波振荡器有LC振荡器、RC振荡器等。

56. 电磁铁的维修要点有哪些?

答:为了使电磁铁长期可靠地工作,需定期检查维修,其维修要点如下:①可动部分经常加油润滑。②定期检查衔铁行程的大小并进行调整。③更换闸片后应重新调整衔铁行程及最小间隙。④检查各紧固螺栓及线圈接线螺钉。⑤检查可动部件的磨损程度。

57. 什么是趋肤效应?

答:趋肤效应也称集肤效应。交流电通过导体时,由于感应作用引起了导体截面上电流分布不均匀,越接近导体表面其电流密度越大,这种现象称为趋肤效应。趋肤效应使处在交流电中的导体有效导电面积减小,电阻增加。频率越高,趋肤效应越显著。

58. 直流放大器中的零点漂移是怎样产生的?

答:在多级直接耦合放大电路中,零点漂移是由于温度的变化引起晶体管参数的变化及电源电压波动、电阻元件阻值的变化等产生的。其中主要是温度变化引起晶体管参数变化而引起的静态工作点的变化(尤其是前级),这些变化经各级放大,在输出端就出现了零点漂移电压,即产生了零点漂移。

59. 普通晶闸管导通的条件是什么？导通后要怎样才能使其重新关断？

答:普通晶闸管导通的条件是在阳极和阴极间加正向电压的同时,在门极和阴极间加适当的正向触发脉冲信号电压。要使导通的晶闸管重新关断,必须设法使阳极电流减小到低于其维持电流。如减小阳极电压,增大负载阻抗,断开阴极电路或使阳极电压反向等。

60. 晶闸管导通后,其输出电流的大小取决于什么因素？

答:晶闸管导通后,输出电流的大小取决于控制角的大小。即触发脉冲加入时间越迟,控制角就越大,导通角就越小,相应的输出电流也就越小,电压就越低。反之,输出电流就大,电压就高。只要改变控制角即触发脉冲相位(称移相),就可以改变导通后输出的电流大小和电压高低。

61. 晶闸管可控整流电路的触发电路必须具备哪几个基本环节？有哪些基本要求？

答:晶闸管的触发电路必须具备同步电压形成、移相和触发脉冲的形成与输出三个基本环节。晶闸管对触发电路的要求有:①触发电压必须与晶闸管的阳极电压同步。②触发电压应满足主电路移相范围的要求。③触发电压的前沿要陡,宽度要满足一定的要求。④具有一定的抗干扰能力。⑤触发信号应有足够大的电压和功率。

62. 大电感负载对晶闸管可控整流有什么影响？通常可采用什么措施来解决？

答:由于大电感电路在电流减小时,会产生自感电动势阻碍电流减小,使晶闸管的阳极电流不能及时减小到维持电流以下,破坏了晶闸管的关断性能,使整流电路出现了失控现象。解决的方法通常是在负载的两端并联一支续流二极管。

63. 什么是门电路？最基本的门电路有哪些？

答:门电路是一种具有多个输入端和一个输出端的开关电路。当输入信号之间满足一定关系时,门电路才有信号输出,否则就没有信号输出。门电路能控制信号的通过和不通过,就好像是满足一定条件才会自动打开的门一样,故称为门电路。最基本的门电路有与门、或门和非门三种。

64. 简述独立避雷针的构造、作用和适用的场所。

答:避雷针一般由针尖(也称接闪器)、支持物以及接地装置等三部分组成。针尖通常采用圆钢(ϕ20 mm 左右),顶端打尖并直接焊接在钢支架或安装在水泥电杆和木电杆上(除钢结构的支持物直接将本身作引下线外),再用导体(圆钢或镀锌钢绞线等)作引下线与接地装置连接。避雷针是物体防止直接雷击的装置。当有雷电时,根据尖端放电原理通过针尖接受,将雷电引向自身,再通过自身将雷电流引入大地。避雷针主要用于高大的配电设备、建筑物和室外设施。

65. 晶体管串联型稳压电源是由哪几部分组成的?它是怎样稳定输出电压的?

答:晶体管串联型稳压电源一般由调整元件、比较放大、基准电压和取样回路四个部分组成。晶体管串联型稳压电源是利用晶体三极管作调整元件与负载相串联,取样回路从输出电压中取出一部分电压与基准电压相比较,将偏差电压通过放大器放大后,去控制调整管,改变调整管的工作状态,以改变其内阻,从而控制其集电极与发射极之间的压降,使输出电压保持在原设定值,从而实现了稳定输出电压。

66. 使用光点检流计时应注意哪些问题?

答:光点检流计是一种高灵敏度仪表,在使用时必须要注意以下问题:

(1)使用时须轻拿轻放。搬动或用完后,须将止动器锁上。无止动器的要合上短接动圈的开关或用导线将其短路。

(2)使用要按规定工作位置放置,具有水准指示装置的,用前要先调水平。

(3)要按临界阻尼选好外临界电阻。根据实验任务要求合理地选择检流计的灵敏度。

(4)测量时,其灵敏度应逐步提高。当流过检流计电流大小不清楚时,不得贸然提高灵敏度,应串入保护电阻或并联分流电阻。

(5)不准用万用表或电桥来测量检流计的内阻,防止损坏检流计线圈。

67. 什么是整流?什么是逆变?逆变电路有哪些种类?以直流电动机为例进行说明。

答:交流变直流是整流;直流变交流是逆变。逆变电路分为有源逆变和无源逆变两种。有源逆变是指将直流电变为交流电后,回送到交流电网;无源逆变是指将直流电变为交流电后供负载使用。如从直流电动机的正转、反转和制动三种工作状态来看,电动机正转、反转时吸收功率并转换为机械能,此时整流电路工作在整流状态,对电动机输出功率;在制动时,当电动机输出功率时,整流电路工作在逆变状态,吸收电动机的功率,并反馈到电网,电动机处于发电制动状态。

68. 什么是“非”门电路?什么是“与非”门电路?什么是“或非”门电路?

答:输出是输入的否定的门电路,是“非”门电路,即输入为“1”时,输出为“0”;输入为“0”时,输出为“1”,输入和输出正好相反,它实质就是一个反相器。由“与”门电路的输出来控制的“非”门电路,是“与非”门电路。由“或”门电路的输出来控制的“非”门电路,是“或非”门电路。

69. 什么是逻辑代数?

答:逻辑代数是描述、分析和简化逻辑电路的有效的数学工具,逻辑代数又称开关代数和布尔代数。它和普通代数不同，逻辑代数的变量（简称逻辑变量）的取值范围只有"0"和"1"。例如，用"0"和"1"分别代表开关线路中开关的断开和接通，电压的低和高，晶闸管的截止和导通，信号的无和有等两种物理状态。

70. 什么是二进制数？为什么在数字电路中采用二进制数？

答：按逢二进一的规律计数即为二进制数。由于二进制只有"0"和"1"两种状态，很容易用电子元件实现（如用高电平表示"1"，用低电平表示"0"）。二进制数运算简单，能很容易地转换成八进制、十六进制，也能转换成十进制，因此，数字电路一般采用二进制计数。

71. 为什么说变压器的空载损耗近似等于铁损？

答：因为变压器空载试验时，二次侧电流为零，一次侧电流为空载电流，其值很小，引起的铜损耗很少，可以忽略不计。而空载试验时一次侧、二次侧电压都等于额定电压，铁芯中的主磁通及产生的铁损都与额定运行情况相同，因此变压器的空载损耗近似等于铁损。

72. 为什么说变压器的短路损耗近似等于铜损？

答：变压器短路试验时，短路电压很低，在铁芯中产生的主磁通及铁损都很少，可以忽略不计。而短路试验时一次侧、二次侧电流都等于额定电流，产生的铜损耗与额定运行时相同，因此变压的短路损耗近似等于铜损。

73. 直流发电机是怎样产生几乎恒定不变的直流电动势的？

答：电枢旋转切割磁力线而在绕组内产生交变电动势。通过换向器变为电刷间的脉动电动势，又通过换向片使处于磁极下不同位置的电枢导体串联起来，使它们产生的感应电动势相叠加而成为几乎恒定不变的直流电动势。

74. 三相异步电动机产生旋转磁场的条件是什么？

答：定子绕组必须是对称三相绕组，即三相绕组完全相同，而空间安装位置互差 120°电角度。通入定子绕组的必须是对称三相正弦交流电，即大小相等、频率相同、相位互差 120°的三相正弦交流电。

75. 试说明电磁调速异步电动机的转动原理和调速原理。

答：转差离合器的磁极内转子通入直流电励磁形成磁极，三相异步电动机带动电枢外转子旋转，切割磁力线，而在外转子中产生感应电动势和感应电流，并在磁场作用下形成电磁转矩，磁极内转子便沿着电极外转子的转向逐步转动起来，其转速总是低于电枢外转子的转速。当负载一定时，增大内转子励磁电流，就可增强内转子磁极的磁场，从而增大电磁转矩，提高磁极内转子的转速。

76. 什么是短路和短路故障？怎样防止短路故障的危害？

答:短路是指电路中某两点由一阻值可以忽略不计的导体直接接通的工作状态。短路可发生在负载两端或线路的任何处,也可能发生在电源或负载内部。若短路发生在电源两端,此时回路中只存在很小的电源内阻,会形成很大的短路电流,致使电源损坏。所以电源短路是一种严重的故障,应尽量避免。但在电路中为了达到某种特定目的而采用的部分短路(短接),不能说成是故障。为了防止短路故障的危害扩大,通常在电路中接入熔断器或自动断路器来进行保护。

77. 启动直流电动机时,限制电枢电流的方法有哪些?

答:启动直流电动机时,限制启动时的电枢电流的方法很多,它们是通过不同的启动线路来实现的。常用的启动线路有减小电动机电枢电压的启动控制线路和在电动机的电枢回路中串接启动电阻两种。

78. 同步电动机能耗制动的基本原理是什么?

答:同步电动机能耗制动的原理是将运行中的同步电动机定子绕组电源断开,再将定子绕组接于一组外接电阻上,并保持转子绕组的直流励磁。此时同步电动机就成为电枢被电阻短接的同步发电机,这就很快地将转动的机械能变换为电能,最终成为热能而消耗在电阻上,同时电动机制动。

79. 为什么有的配电线路只装过流保护,不装速断保护?

答:如果配电线路短,线路首末端短路时,二者短路电流差值很小,或者随运行方式的改变保护安装处的综合阻抗变化范围不大。装速断保护后,保护范围很小,甚至没有保护范围,同时该处短路电流较小且与过流保护不能配合。用过电流保护作为不重要配电线路和主保护足以满足系统稳定等要求,故不再装速断保护。

80. 爆炸和火灾危险场所电气装置安装前土建工程应具备哪些条件?

答:(1)对爆炸和火灾危险场所电气装置安装有妨碍的模板、脚手架应拆除,现场清理工作结束。

(2)在墙上标出抹面标高;在埋有电气管路的设备基础模板上,应标明测量电气管路引出口坐标和标高用的基准点或基准线。

(3)会使防爆电气装置发生损坏或严重污染的抹面或装饰工作,应全部结束。

(4)电气装置安装用的基础、预埋件、预留孔(洞)等,应符合设计要求。

81. 安装阀型避雷器应符合哪些要求?

答:(1)避雷器的瓷件应无裂纹、破损,密封应良好,并经试验合格。

(2)避雷器应与地垂直安装,安装位置应尽量接近被保护(3～10 kV,一般不大于 15 m)设备，其导电部分离地面若低于 3 m 应设遮栏，上下引线铜线截面不小于 16 mm^2，铝线截面不小于 25 mm^2，与电气部分的连接不应使避雷器产生外应力。

(3)避雷器各节连接处应结合紧密，导电良好，节与节连接的金属表面应除净氧化膜和油污。

(4)由多节基本元件组成的避雷器，应按厂家出厂编号顺序连接，切勿错接。

(5)均压环应水平安装，不应歪斜，底座要绝缘，接地线要牢固可靠，接地电阻应符合规定。

(6)≥35 kV 的避雷器，接地与避雷器之间应装备放电记录仪(并经试验合格)，其安装位置三相应一致，要方便观察。

82. 人工接地装置有哪些要求？

答：人工接地装置应按设计要求加工，如设计无明确要求时，可按如下几点加工：

(1)垂直接地体采用钢管时，其钢管直径不小于 ϕ50 mm，其管壁厚不小于 3.5 mm。若采用角钢，应选用型号为 50 mm×5 mm，长度一般为 2.5 m。垂直接地体的下端加工成尖形，上端焊上加强段，以免施工时打劈。水平接地体一般选用 40 mm×4 mm 扁钢，也可根据具体情况适当选小一些钢材，但圆钢不小于 ϕ8 mm，扁钢截面不小于 48 mm^2(其厚度不小于 4 mm)。

(2)人工接地体避开强烈腐蚀性的土壤敷设，如避不开腐蚀土壤可适当加大接地体的截面，并热镀锌。顶端距地面不小于 0.6 m，接地体之间距离不小于 5 m。

(3)一般接地体距建筑物的距离为 1.5 m。独立避雷针的接地体距建筑物的距离为 3 m。

(4)接地体连接要求：圆钢搭接长度不小于直径的 6 倍，扁钢不小于宽度的 2 倍。搭接采用焊接，圆钢应满焊，扁钢搭接应至少 3 个棱边满焊。

(5)接地引线要热镀锌，并设有断线卡，以方便测试接地电阻。

83. 为什么要对高压电器进行交流耐压试验？

答：在绝缘电阻的测量、直流耐压试验及介质损失角的测量等试验方法中，虽然能发现很多绝缘缺陷，但试验电压往往低于被测试品的工作电压，这对保证安全运行是不够的。为了进一步暴露设备的缺陷，检查设备的绝缘水平，确定能否投入运行，因而有必要进行交流耐压试验。通过交流耐压试验，能发现许多绝缘缺陷，特别是对局部缺陷更为有效。

84. 交流接触器的铁芯上为什么要嵌装短路环？

答：交流接触器的吸引线圈通过交流电流，当电流过零时，电磁吸力也为零，铁芯在释放弹簧作用下有释放的趋势。当电流增大后又重新吸牢，从而使衔铁产生振动，发出噪声。嵌装短路环后，当电流过零时，正是电流变化最快的时候，引起铁芯中的磁通变化也是最快，在短路环中产生感应电动势和感应电流。由感应电流产生的磁通将衔铁牢牢吸住，从而减小了衔铁的振动和噪声，保护了极面不被磨损、触头不被电弧灼伤。

85. 放大电路中的晶体三极管为什么要设置静态工作点？

答：晶体管放大电路中设置静态工作点是为了提高放大电路中输入、输出的电流和电压，使放大电路在放大交流信号的全过程中始终工作在线性放大状态，避免信号过零及负半周期时产生失真。

86. 变压器为什么不能改变直流电压？若将变压器一次侧绕组接上额定数值的直流电压，有什么后果？简述原因。

答：变压器不能改变直流电压，是因为如果在变压器一次侧绕组上接直流电压，在稳定情况下只能产生直流电流，在铁芯中只能产生恒定磁通，在一次侧和二次侧都不会产生感应电动势，二次侧绕组就不会有电压输出。如果变压器一次侧绕组接上额定数值的直流电压，由于变压器一次侧绕组的直流电阻非常小，会产生很大的短路电流，将变压器烧毁。

87. 自动开关的故障表现有哪些？故障原因是什么？

答：(1)触头不能闭合。原因：①失压脱扣器无电压或线圈已损坏。②贮能弹簧不良，压力过大、过小或变形。③机构在合闸前的位置不对。

(2)自由脱扣器不能使开关分断。原因：①反力弹簧弹力变小，贮能弹簧弹力变小。②机构卡阻。

(3)失压脱扣器不能使开关分断。原因：①线圈短路。②电源电压太低。③再扣接触面太大。④螺钉松动。

(4)失压脱扣器噪声。原因：①反力弹簧力太大。②铁芯工作面有油污。③短路环损坏。

(5)带负荷启动时开关立即分断。原因：过电流脱扣器瞬动整定值太小。

(6)带负荷一定时间后自行分断。原因：①过电流脱扣器长延时整定值不对。②热元件整定值不对。

(7)开关温度过高。原因：①触头压力过小。②触头表面过分磨损或接触不良。③两个导电零件连接螺钉松动。

88. 正弦波振荡器是由哪几部分组成的？它们各在电路中起什么作用？

答：一个正弦波振荡器由放大部分、反馈部分和选频部分组成。在电路中，放大部分利用晶体管的放大作用，使电路有足够大的放大倍数，以获得较大的输出电压。反馈部分是把输出信号反馈到输入端，作为放大电路的输入信号。如果反馈信号的大小和相位能满足自激振荡条件，电路就能产生振荡。选频部分的作用是使电路仅对某种频率的信号能满足自激振荡条件，从而产生振荡。

89. 怎样检修隔离开关？

答：隔离开关的检修，一般包括以下内容：

(1)隔离开关动刀片和静触头的检修。首先用汽油洗擦刀片或触头上的油污，除去氧化膜，平整其伤痕，必要时用砂纸和细锉整修，但要注意保护镀锌层。校正扭曲变形部位，调整触头上的夹紧弹簧，使刀片、静触头接触紧密，压力适中，并涂以中性凡士林、润滑油。

(2)检查、清扫操作机构的传动部分,并注以润滑脂。

(3)检查隔离开关的定位器和制动装置动力是否正常、牢固可靠。

(4)检查与隔离开关连接的母线接触面是否紧密,有无过热的现象。

(5)检查瓷件是否破损、有无裂纹,若瓷件损坏必须更换。

(6)检查调整隔离开关行程、同期、断开后的触头和刀片间的拉开角度和距离,使这些参数符合要求。

90. 自动空气开关采用什么灭弧装置?原理如何?

答:自动空气开关一般采用灭弧栅装置,其他快速自动开关也常用磁吹和纵缝灭弧室灭弧。灭弧栅是用带有缺口的钢片,按一定的距离排列起来,装在用陶土做的灭弧罩内。当电弧产生时,电弧电流通过钢片缺口产生磁场,磁通通过钢片形成闭合磁路,电弧电流在磁场中受力被拉入钢片内,钢片将其分割成若干段短弧。对直流电弧来说由于被分割成小段,每段都产生电压降,使电弧总的电压降增大。当电源电压不足以维持电弧燃烧时,电弧立即熄灭。而对于交流电弧,则由于近极作用,当电弧进入钢片后,交流电的第一个半周过零就可熄灭。

91. 如何用磁电系指示仪表组成交流电流表和交流电压表?

答:磁电系指示仪表只允许通过直流电,若要将它用于测量交流电压或电流则必须配合一定的测量电路。这种测量电路通常利用氧化亚铜整流器或二极管组成整流电路,将测量的交流电变成直流电加在仪表两端,即构成所谓的整流系仪表,万用表中的交流电压挡就是根据这一原理制成的,整流的方式可以是半波整流,也可以是全波整流。因为改装以后表头读数实际上是单相脉动交流电的平均值,而平时所讲的交流电压和电流数值都是指有效值,所以表头刻度也应按有效值。

92. 照明线路绝缘电阻降低的原因有哪些?如何检查照明线路绝缘电阻?

答:电气照明线路由于使用年限过久,绝缘老化,绝缘子损坏,导线绝缘层受潮或磨损等原因,都会出现绝缘电阻降低现象,所以,应该定时地检查线路的绝缘电阻,以发现问题、查明原因、及时处理。

(1)线间绝缘电阻的测量:首先切断被测线路上的全部用电器具,拉开总闸,切断电源,将测量的两根导线接在兆欧表的两个线柱上,进行摇测。

(2)线对地绝缘电阻的测量:先拉开总闸刀,切断电源,然后将被测的一条导线接到兆欧表的一个接线柱上,兆欧表的另一接线柱与大地接通(可以利用自来水管、电气设备的金属外壳或建筑物的金属物体等与大地有良好接触的金属物体作为接地体),再进行摇测,可分别测出每条导线所对地绝缘的电阻值。

(3)绝缘电阻的标准:正常情况下,线路工作电压每伏的绝缘电阻不应小于 1 000 Ω。

93. 钢管配线的安装要求是什么?

答:(1)钢管不应有裂缝,管内无异物,管口应锉平刮光。

(2)明配管应排列整齐,固定距离均匀,管卡与终端、拐弯、电气设备边缘距离为100～500 mm。

(3)明配于潮湿场所和埋入地下的钢管应采用厚壁钢管。

(4)固定用的管卡和钢管均应进行防腐处理后(镀锌钢管可直接使用)埋入腐蚀性土内,应按设计要求进行防腐。

(5)螺纹连接时,管端套螺纹长度不应小于管接头的1/2,并涂导电膏,钢管应可靠接地。

(6)钢管进入盒(箱)内并应固牢。

(7)配管弯曲时,其弯曲半径一般不小于管外径的6倍,埋入地下或混凝土内的钢管弯曲半径不小于管外径的10倍。

(8)管口引出地面时距地面不小于200 mm,室外管口应防水,室内管口应密封。

(9)管内配线其导线总截面积不应超过管截面积的40%,导线不超过8根,管内导线不应有接头、扭结等。

(10)不同回路、不同电压,交流与直流的配线一般不得穿入同一管内。但下列几种回路可除外:①电压为65 V及以下回路。②同一台设备的电动机回路和无干扰要求的控制回路。③照明花灯所有回路。

94. 低压电器的安装要求是什么?

答:(1)低压电器应按水平和垂直安装。特殊型式的低压电器应按制造厂的规定安装。

(2)低压电器应安装牢固、整齐。其位置考虑操作、检修的方便。震动场所安装低压电器时,应有防震措施。

(3)在有易燃、易爆、腐蚀性气体的场所,应采用防爆型低压电器。

(4)在多灰尘和潮湿场所及在人易碰触和露天场所,应采用封闭型的低压电器。如采用开启式的应加保护箱。

(5)一般情况下,低压电器的静触头应接电源,动触头接负荷。

(6)低压电器的操作手柄距地面一般为1～1.4 m,传动机构操作灵活可靠。

(7)低压电器各接触面上的保护油层应清除,消弧罩应完整齐全。

(8)安装低压电器的盘面上,应标明所带设备名称及回路编号或路别。

95. 装设接地装置有哪些要求?

答:(1)应首先充分利用自然接地体,因为许多自然接地体均与大地有可靠的连接。如果所利用的自然接地体的接地电阻不能满足要求时,应装设人工接地体,以弥补自然接地体之不足。

(2)采用人工接地体时,接地体有垂直埋入地下的圆钢、角钢和钢管以及水平埋入地下的圆钢和扁钢等。

(3)接地体的顶面埋设深度不应小于 0.6 m。相邻两垂直接地体的间距不宜小于其长度的二倍,水平接地体的间距应根据设计规定,不宜小于 5 m。

(4)土壤有腐蚀性时,接地体应作镀锌处理,以防腐蚀。

(5)接地体与建筑物的距离不应小于 1.5 m,与独立的避雷针接地体之间的距离不应小于 3 m。

(6)焊接接地体应使用搭接法,扁钢的搭接长度应为宽度的二倍,并至少焊接三个棱边;圆钢搭接长度为直径的六倍。焊接时必须保证质量。

(7)接地线的涂漆颜色:保护接地涂黑色,接地中性线为紫色底黑色条(每隔 15 cm 涂一黑色条,条宽 1～1.5 cm)。

(8)接地线应装于明显处,以便检查,对容易碰到的地方,要加以保护。

(9)接地干线至少应在不同的两点与接地网相连接。

S1　直流电动机的安装与调试

一、考场准备

要求场地内有照明、直流电动机、用电试运行工作台(操作台)、木质安装板、电工常用工具、万用表、木螺栓、导线、编码套管、行线槽及仪器材料明细表上所列元件等。

二、材料工具准备

1. 准备以下所需试品、仪器、材料:

序　号	仪器、材料名称	型号及规格	数　量	备　注
1	兆欧表	ZC-7	1	
2	毫安表		1	
3	直流电压表		1	
4	滑动电阻		1	
5	直流电动机		1	
6	锤　子		1	
7	刀开关		1	

2. 以下由考生自备:

序　号	名　称	型号及规格	数　量	备　注
1	劳动保护用品		1	
2	常用电工工具		1	

三、考核内容及要求

1. 考核内容

直流电动机的安装与调试。

2. 考核时限

(1)准备时间:10 min。

(2)正式操作时间:240 min。

(3)规定时间内完成不加分,也不扣分;每超过 1 min 扣 2 分,超过 5 min 停止作业。

3. 考核评分

(1)3 名及以上考评员。

(2)按考核评分记录表中规定评分点各自独立评分,取平均分为评定得分。

(3)满分为 100 分,60 分为及格。

职业技能等级认定
电工(高级)实作技能考核评分记录表

单位:________　姓名:________　性别:______　准考证号:________　工种:________　级别:________

试题名称:直流电动机的安装与调试　　　　考核时间:240 min

操作开始时间:　　时　　分　　　　操作结束时间:　　时　　分

项目	分数	序号	考核技术要求及评分标准	配分	扣分	得分	备注
操作技能	90	1	电动机安装检查与接线。主磁极和换向极的极性检查正确,方法符合要求,检查电气设备和电动机接线符合要求。检查方法不符合要求,每项扣5分;漏检一项扣3分;绕组连接后修改极性扣5分	30			
		2	刷握装配。刷握误差符合要求,调整电刷压力符合要求,刷握离换向器表面距离符合要求,刷架必须调整到磁场中性面上,且调整方法正确。装配超差扣3分;压力不符合要求扣3分;刷握离换向器表面距离不符合要求扣3分;刷架没有调整到磁场中性面上扣3分;调整方法不正确扣5分	20			
		3	电动机找正。电动机与负载机械联轴器轴心线调整方法正确,调整方法不正确扣5分;轴心线调整允许偏差符合要求,不符合要求扣5分	20			
		4	电动机试运转。试运转不正常每次扣5分	20			
安全生产	10	5	未按规定佩戴劳动保护用品,每处扣2分	5			
		6	作业中出现危及人身安全现象,扣5分	5			
合计	100			100			

考评员签名:　　　　认定人:　　　　年　　月　　日

S2　晶闸管直流拖动系统调试

一、考场准备

要求场地内有照明、三相电源、用电试运行工作台(操作台)、木质安装板、电工常用工具、万用表、木螺栓、导线、编码套管、行线槽及仪器材料明细表上所列元件等。

二、材料工具准备

1. 准备以下所需试品、仪器、材料:

序　号	仪器、材料名称	型号及规格	数　量	备　注
1	直流拖动装置		1	
2	双踪示波器		1	
3	万用表	500 型	1	

2. 以下由考生自备:

序　号	名　称	型号及规格	数　量	备　注
1	劳动保护用品		1	
2	常用电工工具		1	

三、考核内容及要求

1. 考核内容

晶闸管直流拖动系统调试。

2. 考核时限

(1)准备时间:10 min。

(2)正式操作时间:320 min。

(3)规定时间内完成不加分,也不扣分;每超过 1 min 扣 2 分,超过 5 min 停止作业。

3. 考核评分

(1)3 名及以上考评员。

(2)按考核评分记录表中规定评分点各自独立评分,取平均分为评定得分。

(3)满分为 100 分,60 分为及格。

职业技能等级认定
电工(高级)实作技能考核评分记录表

单位:________ 姓名:________ 性别:_____ 准考证号:________ 工种:________ 级别:________

试题名称:晶闸管直流拖动系统调试　　考核时间:320 min

操作开始时间: 时 分　　操作结束时间: 时 分

项目	分数	序号	考核技术要求及评分标准	配分	扣分	得分	备注
操作技能	80	1	电器接线。按电气系统图和各柜的配线图,正确连接,接线有错误,每处扣2分;要求连接柜与电动机的连线正确,接线不正确扣5分	30			
		2	功能测试。测试前,对照图样熟悉装置,寻找关键元器件安装的位置及有关线端标记,每查错一处扣1分;功能调试,调试方法不正确扣5分,调试后达不到性能指标扣10分,调试中损坏元器件扣10分	30			
		3	试运行。启动后电动机运转不正常扣10分	20			
工具的使用及维护	10	4	正确使用工具,使用不当,每件扣2分	10			
安全生产	10	5	未按规定佩戴劳动保护用品,每处扣2分	5			
		6	作业中出现危及人身安全现象,扣5分	5			
合计	100			100			

考评员签名:　　认定人:　　年 月 日

S3 10 kV电缆绝缘特性试验

一、考场准备

要求场地内有照明、10 kV电缆、三相电源、用电试运行工作台(操作台)、木质安装板、电工常用工具、万用表、木螺栓、导线、编码套管、行线槽及仪器材料明细表上所列元件等。

二、材料工具准备

1. 准备以下所需试品、仪器、材料:

序 号	仪器、材料名称	型号及规格	数 量	备 注
1	接地线	6 mm^2	2	
2	泄漏电流测试仪		1	
3	兆欧表	ZC-7	1	
4	10 kV电缆		1	
5	试验报告			
6	试验线		10	

2. 以下由考生自备:

序 号	名 称	型号及规格	数 量	备 注
1	劳动保护用品		1	
2	常用电工工具		1	

三、考核内容及要求

1. 考核内容

10 kV电缆绝缘特性试验。

2. 考核要求

按中华人民共和国电力行业标准DL/T 596—2021《电力设备预防性试验规程》进行试验。作业严格按相关规定进行,试验结论准确无误。

3. 考核时限

(1)准备时间:20 min。

(2)正式操作时间:120 min。

(3)规定时间内完成不加分,也不扣分;每超过1 min扣2分,超过5 min停止作业。

4. 考核评分

(1)3名及以上考评员。

(2)按考核评分记录表中规定评分点各自独立评分,取平均分为评定得分。

(3)满分为100分,60分为及格。

职业技能等级认定
电工(高级)实作技能考核评分记录表

单位:＿＿＿＿＿　姓名:＿＿＿＿＿　性别:＿＿＿　准考证号:＿＿＿＿＿　工种:＿＿＿＿＿　级别:＿＿＿＿＿

试题名称:10 kV 电缆绝缘特性试验　　考核时间:120 min

操作开始时间:　　时　　分　　操作结束时间:　　时　　分

项目	分数	序号	考核技术要求及评分标准	配分	扣分	得分	备注
操作技能	80	1	按试验操作规程进行试验,违反操作规程,每次扣 2 分;试验中漏项扣 10 分;接线正确,每错一处扣 2 分	30			
		2	正确记录各种原始数据,未记录温度、湿度,每处扣 2 分;试验记录项目不全,每处扣 2 分;试验记录不清楚,每处扣 1 分	20			
		3	正确填写试验报告,每错一处扣 2 分;试验结果不正确,扣 10 分;试验中造成设备危机,扣 10 分	10			
		4	正确使用仪器,未检查仪器状态,每件扣 2 分;作业中损坏仪器,每次扣 5 分	20			
工具的使用及维护	10	5	正确使用工具,使用不当,每件扣 2 分	5			
		6	正确使用钢丝钳进行操作,不正确每次扣 2 分	5			
安全生产	10	7	未按规定佩戴劳动保护用品,每处扣 2 分	5			
		8	作业中出现危及人身安全现象,扣 5 分	5			
合计	100			100			

考评员签名:　　　　认定人:　　　　年　　月　　日

S4　用单臂电桥测量变压器线圈的直流电阻

一、考场准备

要求场地内有照明、三相电源、三相变压器、用电试运行工作台(操作台)、木质安装板、电工常用工具、万用表、木螺栓、导线、编码套管、行线槽及仪器材料明细表上所列元件等。

二、材料工具准备

1. 准备以下所需试品、仪器、材料:

序　号	仪器、材料名称	型号及规格	数　量	备　注
1	直流单臂电桥	QJ23	1	
2	三相变压器		1	
3	鳄鱼夹子线	1 m	4	

2. 以下由考生自备:

序　号	名　称	型号及规格	数　量	备　注
1	劳动保护用品		1	
2	常用电工工具		1	

三、考核内容及要求

1. 考核内容

用单臂电桥测量变压器线圈的直流电阻。

2. 考核时限

(1)准备时间:10 min。

(2)正式操作时间:60 min。

(3)规定时间内完成不加分,也不扣分;每超过 1 min 扣 2 分,超过 5 min 停止作业。

3. 考核评分

(1)3 名及以上考评员。

(2)按考核评分记录表中规定评分点各自独立评分,取平均分为评定得分。

(3)满分为 100 分,60 分为及格。

职业技能等级认定
电工(高级)实作技能考核评分记录表

单位：________　姓名：________　性别：_____　准考证号：________　工种：________　级别：________

试题名称：用单臂电桥测量变压器线圈的直流电阻　　考核时间：60 min

操作开始时间：　时　分　　操作结束时间：　时　分

项目	分数	序号	考核技术要求及评分标准	配分	扣分	得分	备注
操作技能	70	1	仪表测试。打开检流计锁扣，调节调整旋钮，使指针为零；将两根测试线分别接在被测端，每项不符合扣 5 分	10			
		2	测量。测试前将变压器端子对地放电，不符合扣 5 分；仪器的四组旋钮必须全用上，不符合扣 10 分；测电阻时应先按下电源按钮，再接通检流计按钮，不符合扣 10 分；应测量变压器每个分接开关处的直流电阻，每漏测一处扣 5 分	50			
		3	报告填写正确。每漏填一项扣 1 分	10			
工具的使用及维护	20	4	正确使用工具，使用不当，每件扣 2 分	20			
安全生产	10	5	未按规定佩戴劳动保护用品，每处扣 2 分	5			
		6	作业中出现危及人身安全现象，扣 5 分	5			
合计	100			100			

考评员签名：　　认定人：　　年　月　日

S5 用单臂电桥测量电压互感器的直流电阻

一、考场准备

要求场地内有照明、三相电源、用电试运行工作台(操作台)、木质安装板、电工常用工具、万用表、木螺栓、导线、编码套管、行线槽及仪器材料明细表上所列元件等。

二、材料工具准备

1. 准备以下所需试品、仪器、材料：

序 号	仪器、材料名称	型号及规格	数 量	备 注
1	直流单臂电桥	QJ23	1	
2	电压互感器		1	
3	鳄鱼夹子线	1 m	4	

2. 以下由考生自备：

序 号	名 称	型号及规格	数 量	备 注
1	劳动保护用品		1	
2	常用电工工具		1	

三、考核内容及要求

1. 考核内容

用单臂电桥测量电压互感器的直流电阻。

2. 考核时限

(1)准备时间:10 min。

(2)正式操作时间:60 min。

(3)规定时间内完成不加分,也不扣分;每超过 1 min 扣 2 分,超过 5 min 停止作业。

3. 考核评分

(1)3 名及以上考评员。

(2)按考核评分记录表中规定评分点各自独立评分,取平均分为评定得分。

(3)满分为 100 分,60 分为及格。

职业技能等级认定
电工(高级)实作技能考核评分记录表

单位:________　姓名:________　性别:_____　准考证号:________　工种:________　级别:________

试题名称:用单臂电桥测量电压互感器的直流电阻　　考核时间:60 min

操作开始时间:　　时　　分　　操作结束时间:　　时　　分

项目	分数	序号	考核技术要求及评分标准	配分	扣分	得分	备注
操作技能	70	1	仪表测试。打开检流计锁扣,调节调整旋钮,使指针为零;将两根测试线分别接在被测端,每项不符合扣 5 分	10			
		2	测量。测试前将电压互感器端子对地放电,不符合扣 5 分;仪器的四组旋钮必须全用上,不符合扣 10 分;测电阻时应先按下电源按钮,再接通检流计按钮,不符合扣 10 分	50			
		3	报告填写正确。每漏填一项扣 1 分	10			
工具的使用及维护	20	4	正确使用工具,使用不当,每件扣 2 分	20			
安全生产	10	5	未按规定佩戴劳动保护用品,每处扣 2 分	5			
		6	作业中出现危及人身安全现象,扣 5 分	5			
合计	100			100			

考评员签名:　　认定人:　　年　月　日

S6　用单臂电桥测量电流互感器的直流电阻

一、考场准备

要求场地内有照明、三相电源、用电试运行工作台(操作台)、木质安装板、电工常用工具、万用表、木螺栓、导线、编码套管、行线槽及仪器材料明细表上所列元件等。

二、材料工具准备

1. 准备以下所需试品、仪器、材料：

序　号	仪器、材料名称	型号及规格	数　量	备　注
1	直流单臂电桥	QJ23	1	
2	电流互感器		1	
3	鳄鱼夹子线	1 m	4	

2. 以下由考生自备：

序　号	名　称	型号及规格	数　量	备　注
1	劳动保护用品		1	
2	常用电工工具		1	

三、考核内容及要求

1. 考核内容

用单臂电桥测量电流互感器的直流电阻。

2. 考核时限

(1)准备时间：10 min。

(2)正式操作时间：60 min。

(3)规定时间内完成不加分，也不扣分；每超过 1 min 扣 2 分，超过 5 min 停止作业。

3. 考核评分

(1)3 名及以上考评员。

(2)按考核评分记录表中规定评分点各自独立评分，取平均分为评定得分。

(3)满分为 100 分，60 分为及格。

职业技能等级认定
电工(高级)实作技能考核评分记录表

单位:________ 姓名:________ 性别:______ 准考证号:________ 工种:________ 级别:________

试题名称:用单臂电桥测量电流互感器的直流电阻　　考核时间:60 min

操作开始时间:　时　分　　操作结束时间:　时　分

项目	分数	序号	考核技术要求及评分标准	配分	扣分	得分	备注
操作技能	70	1	仪表测试。打开检流计锁扣,调节调整旋钮,使指针为零;将两根测试线分别接在被测端,每项不符合扣5分	10			
		2	测量。测试前将电流互感器端子对地放电,不符合扣5分;仪器的四组旋钮必须全用上,不符合扣10分;测电阻时应先按下电源按钮,再接通检流计按钮,不符合扣10分	50			
		3	报告填写正确。每漏填一项扣1分	10			
工具的使用及维护	20	4	正确使用工具,使用不当,每件扣2分	20			
安全生产	10	5	未按规定佩戴劳动保护用品,每处扣2分	5			
		6	作业中出现危及人身安全现象,扣5分	5			
合计	100			100			

考评员签名:　　认定人:　　年　月　日

S7　用双臂电桥测量少油断路器的电阻

一、考场准备

要求场地内有照明、三相电源、用电试运行工作台(操作台)、木质安装板、电工常用工具、万用表、木螺栓、导线、编码套管、行线槽及仪器材料明细表上所列元件等。

二、材料工具准备

1. 准备以下所需试品、仪器、材料：

序　号	仪器、材料名称	型号及规格	数　量	备　注
1	直流双臂电桥	QJ42	1	
2	少油断路器	SN10-10	1	
3	鳄鱼夹子线	1 m	10	
4	水砂纸	0 号	1	

2. 以下由考生自备：

序　号	名　称	型号及规格	数　量	备　注
1	劳动保护用品		1	
2	常用电工工具		1	

三、考核内容及要求

1. 考核内容

用双臂电桥测量少油断路器的电阻。

2. 考核时限

(1)准备时间：10 min。

(2)正式操作时间：60 min。

(3)规定时间内完成不加分，也不扣分；每超过 1 min 扣 2 分，超过 5 min 停止作业。

3. 考核评分

(1)3 名及以上考评员。

(2)按考核评分记录表中规定评分点各自独立评分，取平均分为评定得分。

(3)满分为 100 分，60 分为及格。

职业技能等级认定
电工(高级)实作技能考核评分记录表

单位：__________ 姓名：__________ 性别：______ 准考证号：__________ 工种：__________ 级别：__________

试题名称：用双臂电桥测量少油断路器的电阻　　　　考核时间：60 min

操作开始时间：　时　分　　　　操作结束时间：　时　分

项目	分数	序号	考核技术要求及评分标准	配分	扣分	得分	备注
操作技能	70	1	仪表测试。机械调零未做，扣 10 分；接线时电流端子在内侧，电压端子在外侧，接错扣 10 分	20			
		2	测量。接线时要靠近开关根部，如接触点表面氧化用水砂纸打磨干净，不符合扣 10 分；测量时应先按 S1 后按 S2，顺序反扣 10 分；测量结束应先放开 S2 后放开 S1，不符合扣 10 分；测量方法不正确扣 10 分	40			
		3	报告填写正确。每漏填一项扣 1 分	10			
工具的使用及维护	20	4	正确使用仪器、工具，使用不当，每件扣 2 分	20			
安全生产	10	5	未按规定佩戴劳动保护用品，每处扣 2 分	5			
		6	作业中出现危及人身安全现象，扣 5 分	5			
合计	100			100			

考评员签名：　　　　认定人：　　　　年　月　日

S8 用双臂电桥测量真空断路器的电阻

一、考场准备

要求场地内有照明、三相电源、用电试运行工作台(操作台)、木质安装板、电工常用工具、万用表、木螺栓、导线、编码套管、行线槽及仪器材料明细表上所列元件等。

二、材料工具准备

1. 准备以下所需试品、仪器、材料:

序 号	仪器、材料名称	型号及规格	数 量	备 注
1	直流双臂电桥	QJ42	1	
2	真空断路器	ZN10-10	1	
3	鳄鱼夹子线	1 m	10	
4	水砂纸	0 号	1	

2. 以下由考生自备:

序 号	名 称	型号及规格	数 量	备 注
1	劳动保护用品		1	
2	常用电工工具		1	

三、考核内容及要求

1. 考核内容
用双臂电桥测量真空断路器的电阻。
2. 考核时限
(1)准备时间:10 min。
(2)正式操作时间:60 min。
(3)规定时间内完成不加分,也不扣分;每超过 1 min 扣 2 分,超过 5 min 停止作业。
3. 考核评分
(1)3 名及以上考评员。
(2)按考核评分记录表中规定评分点各自独立评分,取平均分为评定得分。
(3)满分为 100 分,60 分为及格。

职业技能等级认定
电工(高级)实作技能考核评分记录表

单位：________　姓名：________　性别：_____　准考证号：________　工种：________　级别：________

试题名称：用双臂电桥测量真空断路器的电阻　　　　考核时间：60 min

操作开始时间：　　时　　分　　　　操作结束时间：　　时　　分

项目	分数	序号	考核技术要求及评分标准	配分	扣分	得分	备注
操作技能	70	1	仪表测试。机械调零未做，扣 10 分；接线时电流端子在内侧，电压端子在外侧，接错扣 10 分	20			
		2	测量。接线时要靠近开关根部，如接触点表面氧化用水砂纸打磨干净，不符合扣 10 分；测量时应先按 S1 后按 S2，顺序反扣 10 分；测量结束应先放开 S2 后放开 S1，不符合扣 10 分；测量方法不正确扣 10 分	40			
		3	报告填写正确。每漏填一项扣 1 分	10			
工具的使用及维护	20	4	正确使用仪器、工具，使用不当，每件扣 2 分	20			
安全生产	10	5	未按规定佩戴劳动保护用品，每处扣 2 分	5			
		6	作业中出现危及人身安全现象，扣 5 分	5			
合计	100			100			

考评员签名：　　　　　　认定人：　　　　　　年　　月　　日

S9　10 kV 橡胶电缆预防性试验

一、考场准备

要求场地内有照明、10 kV 橡胶电缆、三相电源、用电试运行工作台(操作台)、木质安装板、电工常用工具、万用表、木螺栓、导线、编码套管、行线槽及仪器材料明细表上所列元件等。

二、材料工具准备

1. 准备以下所需试品、仪器、材料:

序　号	仪器、材料名称	型号及规格	数　量	备　注
1	橡胶电缆	1 m、10 kV	1	
2	直流高压发生器	ZGF-2000	1	
3	兆欧表	ZC-7 型 2 500 V	1	
4	干湿温度计		1	
5	试验报告			
6	试验线		9	

2. 以下由考生自备:

序　号	名　称	型号及规格	数　量	备　注
1	试验记录单			
2	绝缘手套		1	

三、考核内容及要求

1. 考核内容

10 kV 橡胶电缆预防性试验。

2. 考核要求

按中华人民共和国电力行业标准 DL/T 596—2021《电力设备预防性试验规程》进行试验。作业严格按相关规定进行,试验结论准确无误。

3. 考核时限

(1)准备时间:20 min。

(2)正式操作时间:150 min。

(3)规定时间内完成不加分,也不扣分;每超过 1 min 扣 2 分,超过 5 min 停止作业。

4. 考核评分

(1)3 名及以上考评员。

(2)按考核评分记录表中规定评分点各自独立评分,取平均分为评定得分。

(3)满分为 100 分,60 分为及格。

职业技能等级认定
电工(高级)实作技能考核评分记录表

单位:__________　姓名:__________　性别:______　准考证号:__________　工种:__________　级别:__________

试题名称:10 kV 橡胶电缆预防性试验　　　　考核时间:150 min

操作开始时间:　时　分　　　　操作结束时间:　时　分

项目	分数	序号	考核技术要求及评分标准	配分	扣分	得分	备注
操作技能	80	1	按试验操作规程进行试验,违反操作规程,每次扣 2 分;试验中漏项扣 10 分;接线正确,每错一处扣 2 分	30			
		2	正确记录各种原始数据,未记录温度、湿度,每处扣 2 分;试验记录项目不全,每处扣 2 分;试验记录不清楚,每处扣 1 分	20			
		3	正确填写试验报告,每错一处扣 2 分;试验结果不正确,扣 10 分;试验中造成设备危机,扣 10 分	10			
		4	正确使用仪器,未检查仪器状态,每件扣 2 分;作业中损坏仪器,每次扣 5 分	20			
工具的使用及维护	10	5	正确使用工具,使用不当,每件扣 2 分	5			
		6	正确使用设备,试验前未检查设备状态扣 2 分	5			
安全生产	10	7	未按规定佩戴劳动保护用品,每处扣 2 分	5			
		8	作业中出现危及人身安全现象,扣 5 分	5			
合计	100			100			

考评员签名:　　　　认定人:　　　　年　月　日

S10　配电所主地网测试

一、考场准备

要求场地内有照明、三相电源、用电试运行工作台(操作台)、木质安装板、电工常用工具、万用表、木螺栓、导线、编码套管、行线槽及仪器材料明细表上所列元件等。

二、材料工具准备

1. 准备以下所需试品、仪器、材料:

序　号	仪器、材料名称	型号及规格	数　量	备　注
1	变电所主地网		1	
2	接地电阻测试仪	ZC-8 型	1	
3	干湿温度计		1	
4	试验报告			
5	试验线		4	

2. 以下由考生自备:

序　号	名　称	型号及规格	数　量	备　注
1	试验记录单			
2	活动扳手	250 mm	2	
3	十字螺丝刀	200 mm	1	

三、考核内容及要求

1. 考核内容

配电所主地网测试。

2. 考核要求

按中华人民共和国电力行业标准 DL/T 596—2021《电力设备预防性试验规程》进行试验。作业严格按相关规定进行,试验结论准确无误。

3. 考核时限

(1)准备时间:10 min。

(2)正式操作时间:8 min。

(3)规定时间内完成不加分,也不扣分;每超过 1 min 扣 2 分,超过 5 min 停止作业。

4. 考核评分

(1)3 名及以上考评员。

(2)按考核评分记录表中规定评分点各自独立评分,取平均分为评定得分。

(3)满分为 100 分,60 分为及格。

职业技能等级认定
电工(高级)实作技能考核评分记录表

单位:__________　姓名:__________　性别:______　准考证号:__________　工种:__________　级别:__________

试题名称:配电所主地网测试　　　　　　　　　　　　　　　　考核时间:8 min

操作开始时间:　　时　　分　　　　　　　　　　操作结束时间:　　时　　分

项目	分数	序号	考核技术要求及评分标准	配分	扣分	得分	备注
操作技能	80	1	按试验操作规程进行试验,违反操作规程,每次扣2分;试验中漏项扣10分;接线正确,每错一处扣2分	30			
		2	正确记录各种原始数据,未记录温度、湿度,每处扣2分;试验记录项目不全,每处扣2分;试验记录不清楚,每处扣1分	20			
		3	正确填写试验报告,每错一处扣2分;试验结果不正确,扣10分;试验中造成设备危机,扣10分	10			
		4	正确使用仪器,未检查仪器状态,每件扣2分;作业中损坏仪器,每次扣5分	20			
工具的使用及维护	10	5	正确使用工具,使用不当,每件扣2分	5			
		6	正确使用设备,试验前未检查设备状态扣2分	5			
安全生产	10	7	未按规定佩戴劳动保护用品,每处扣2分	5			
		8	作业中出现危及人身安全现象,扣5分	5			
合计	100			100			

考评员签名:　　　　　　　　　　　　认定人:　　　　　　　　　　　　年　　月　　日

第四部分　技　　师

1. 带传动有何优缺点?

答:优点是传动平稳,无噪声;有过载保护作用;传动距离较大,结构简单,维护方便,成本低。缺点是传动比不能保证,结构不够紧凑,使用寿命短,传动效率低;不适用于高温、易燃、易爆场合。

2. 齿轮传动有何优缺点?

答:优点是传动比恒定;传递功率和速度范围较宽;结构紧凑;体积小,使用寿命长;效率高。缺点是传动距离近;不具备过载保护特性;传递直线运动不够平稳;制造工艺复杂,配合要求高,成本较高。

3. 螺旋传动有哪些特点?

答:可把回转运动变为直线运动,且结构简单,传动平稳,噪声小;可获得很大的减速比;可产生较大的推力;可实现自锁。但传动效率较低。

4. 液压传动有何优缺点?

答:优点是可进行无级变速;运动比较平稳;反应快、冲击小,能高速启动、制动和换向;能自动防止过载;操作简便;使用寿命长;体积小、质量轻、结构紧凑。缺点是容易泄漏,元件制造精度要求高;传动效率低。

5. 造成触头过热的原因有哪两个方面?

答:①通过动、静触头间的电流过大。②动、静触头间的接触电阻变大。

6. 造成触头电流过大的原因有哪几个方面?

答:①系统电压过高或过低。②用电设备超负荷运行。③电器触头选择不当。④故障运行等。

7. 什么是触头的电磨损? 什么是触头的机械磨损?

答:电磨损是由触点间电弧或电火花的高温造成的。机械磨损是由触头闭合时的撞击及触头接触面的相对滑动摩擦造成的。

8. 什么是触头熔焊？常见原因是什么？

答：动、静触头接触面熔化后被焊在一起而断不开的现象，称为触头熔焊。熔焊的常见原因有选用不当，触头容量太小，负载电流过大；操作频率过高；触头弹簧损坏，初压力减小等。

9. 低压断路器温升过高的原因是什么？

答：①触头压力过小。②触头表面过分磨损或接触不良。③两个导电零件连接螺钉松动。

10. 普通机床装备数显后的性能如何？

答：普通的机床装备数显后，其性能和效率均可提高。因为数显的精度很高，重复精度稳定，故可以保证加工零件尺寸的一致性，而且自动显示位置，可以减轻工人的劳动强度，减少工人测量时间，提高工作效率。

11. 工时定额由哪几部分组成？

答：工时定额包括作业时间，准备与结束时间，作业宽放时间，个人需要与休息宽放时间。

12. 缩短基本时间的措施有哪些？

答：选用先进的生产设备和工艺装备；采用先进的生产工艺；寻求最佳工作程序；加强职业培训，提高劳动者的职业技能。

13. 缩短辅助时间的措施有哪些？

答：加强企业管理，制定科学的、合理的、必要的规章制度；加强生产活动的计划、调度、控制和协调；劳动动作设计要合理、快捷、自然，有节奏，不易疲劳；创造良好的后勤服务工作和良好的工作环境；加强思想政治工作，提高劳动者的思想素质，最大限度地调动全体劳动者的积极性。

14. 什么是安培环路定律？它反映了电路中什么关系？

答：安培环路定律是磁场的一个基本性质，它具体反映了磁场强度与产生磁场强度的电流之间的关系，即磁场强度矢量沿任何闭合路径的线积分都等于贯穿由此路径所围成的面的电流代数和。

15. 试说明磁场强度与磁感应强度的区别。

答：磁场强度与磁感应强度二者都可以描述磁场的强弱和方向，并且都与激励磁场的电流及其分布情况有关。但是，磁场强度与磁场介质无关，而磁感应强度与磁场介质有关。磁感应强度的单位是 T(特)，而磁场强度的单位是 A/m(安每米)。在定性描述磁场时多用磁感应强度，而在计算磁场中多用磁场强度，它与电流呈线性关系。

16. 磁路基尔霍夫定律的含义是什么？

答：磁路基尔霍夫第一定律（又称基尔霍夫磁通定律）的含义是：磁路的任一节点所连各支路磁通的代数和等于零。磁路基尔霍夫第二定律（又称基尔霍夫磁压定律）的含义是：磁路的任一回路中，各段磁位差（磁压）的代数和等于各磁通势（磁动势）的代数和。

17. 磁路与电路之间可否进行对照理解？若可以，应怎样对照？

答：在分析磁路时，可用电路来进行对照理解。在对照理解时，磁路中磁通势（磁动势）与电路中电动势相对照；磁路中磁通与电路中电流相对照；磁路中磁位差与电路中电位差相对照；而磁路中的磁阻与电路中电阻相对照等。

18. 在无分支磁路中，若已知磁通势，要求磁通的大小，应如何进行？简述原因。

答：在无分支磁路中，若已知磁通势大小，要求磁通的多少，一般都采用试算法进行，即先设定一磁通值，再按已知磁通求磁通势的步骤进行计算。把所算得的结果（磁通势大小）与已知磁通势进行比较后，再修改设定的磁通值，再计算、比较，直至基本差别不大为止。采用这样的计算方式，主要是考虑到磁路的非线性对"正面计算"会带来不可忽视的影响。

19. 什么是"非"门电路、"与非"门电路和"或非"门电路？

答：输出是输入的否定的门电路，是"非"门电路，即输入为"1"时，输出为"0"；输入为"0"时，输出为"1"，输入和输出正好相反，它实质就是一个反相器。由"与"门电路的输出来控制的"非"门电路，是"与非"门电路。由"或"门电路的输出来控制的"非"门电路，是"或非"门电路。

20. 什么是逻辑代数？

答：逻辑代数是描述、分析和简化逻辑电路的有效的数学工具，逻辑代数又称开关代数和布尔代数，它和普通代数不同，逻辑代数的变量（简称逻辑变量）的取值范围只有"0"和"1"。例如，用"0"和"1"分别代表开关线路中开关的断开和接通，电压的低和高，晶闸管的截止和导通，信号的无和有等两种物理状态。

21. 什么是二进制数？为什么在数字电路中采用二进制数？

答：按逢二进一的规律计数即为二进制数。由于二进制只有"0"和"1"两种状态，很容易用电子元件实现（如用高电平表示"1"，用低电平表示"0"）。二进制数运算简单，能很容易地转换成八进制、十六进制，也能转换成十进制，因此，数字电路一般采用二进制计数。

22. 示波器属于什么类型的仪器？它一般分为哪几类？

答：示波器又称阴极射线示波器，是一种利用电子射线的偏转来复现电信号瞬时图像的仪器。示波器一般分为以下几大类：①通用示波器。②多束示波器。③取样示波器。④记忆、存储示波器。⑤专用示波器。⑥智能示波器等。

23. 什么是多束示波器？有什么用途？

答：多束示波器又称多线示波器，它是采用多束示波管的示波器。该示波器内部具有多个独立的Y轴信道，能同时接受并显示两个以上被测信号的波形，能较方便地对显示出的多个信号波形进行观察、比较和分析。

24. 什么是集成运算放大器？它有哪些特点？

答：集成运算放大器实际上是一个加有深度负反馈的高放大倍数直流放大器。它可以通过反馈电路来控制其各种性能。集成运算放大器虽属直接耦合多级放大器，但由于芯片上的各元器件是在同一条件下制作出来的，所以它们的均一性和重复性好。集成运算放大器输入级都是差动放大电路，而且差动对管特性十分一致，使得集成运算放大器的零点漂移很小。

25. 开环差模电压增益、输入失调电压和输入失调电流是集成运算放大器的几个主要参数，试说明其含义。

答：(1)开环差模电压增益：是指运算放大器在无外加反馈情况下，其直流差模(差动)输入时的电压放大倍数。

(2)输入失调电压：为了使输出电压为零，在输入端需要加补偿电压，它的数值在一定程度上反映了温漂(即零点漂移)大小。

(3)输入失调电流：在输出电压为零时，运算放大器两输入端静态基极电流之差是输入失调电流。

26. 简述可编程序控制器的主要优点。

答：①控制程序可变，通用性强。当生产工艺变化时，不用改变硬件接线，只需改变控制程序。②外部接线简单，可靠性高，维修量小，抗干扰能力强，对工作环境要求低。③功能完善。④编程容易，使用方便。⑤体积小、质量轻、能耗小、性价比高。

27. 简述可编程序控制器的内部结构及各部分作用。

答：可编程序控制器(PLC)通常由中央处理器、存储器、输入/输出单元和电源等组成。中央处理器(CPU)是可编程序控制器的核心，用于完成控制和运算功能。存储器用于存放程序和运行数据。输入单元用来接收外部输入的控制指令、运行状态和运行数据等。输出单元用来将PLC的控制信号输出给外部执行电器。电源的作用是给PLC的内部电路供电，以及通过输入接口向外部传感器供电。

28. 有源逆变通常采用何种装置实现？

答：有源逆变通常采用全控型晶闸管变流装置实现。

29. 实现有源逆变的主要条件有哪些?

答:(1)变流装置直流侧必须要有电动势,且该电动势极性要与晶闸管的导通方向一致,电动势应稍大于逆变器直流侧的平均电压;

(2)变流装置必须工作在$\beta<90°$(或$\alpha>90°$)范围内,使逆变器直流侧的平均电压为负;

(3)为保证电流连续,直流回路中应串接大电感。

30. 双臂电桥为什么能够测量小电阻?

答:单臂电桥之所以不能测量小电阻,是因为用单臂电桥测出值包含有桥臂间的引线电阻与接触电阻。当接触电阻与被测电阻相比不能忽略时,测量结果就有很大误差。而双臂电桥电位接头的接线电阻和接触电阻位于R_1、R_2、R_1'、R_2'(双桥桥臂电阻)支路中,如果在制造时令R_1、R_2、R_1'、R_2'都比10 Ω大,那么接触电阻的影响就可以忽略不计。另外,双臂电桥电流接头的接线电阻和接触电阻一端包含在电阻r里面,而r是在更正项中,对双臂电桥平衡不发生影响,另一端包含在电源电路中,对测量结果也不会产生影响。

31. 使用双臂电桥要注意哪些问题?

答:被测电阻应与电桥的电位接线柱相连,电位接头应比电流接头更靠近被测电阻。被测电阻本身如果没有什么接头之分,应自行引出两个接头,而且连接时不能将两个接头连在一起。双臂电桥工作电流比较大,电源需要的容量大,测量速度要快,测量完应立即关断电源。

32. 为什么带平衡电抗器的三相双反星形可控整流电路能输出较大的电流?

答:因为带平衡电抗器的三相双反星形可控电路中,变压器有两个绕组,都接成星形,但同名端相反。每个绕组接一个三相半波可控整流,用平衡电抗器进行连接,使两组整流输出以180°相位差并联。整流电路中两组整流各有一支晶闸管导通并向负载供电,使得整个输出电流变大。

33. 旋转变压器的主要用途是什么?

答:旋转变压器主要用作坐标变换、三角运算和角度数据传输,作为移相器和用在角度-数字转换装置中。

34. 什么是逆变器?逆变器中常用哪两种换流方式?

答:完成将直流电变换成交流电的装置是逆变器。在逆变器中常用的换流方式有负载谐振式和脉冲换流式两种。

35. 电力场效应管有哪些特点?

答:电力场效应管由于其结构上的特点,当栅极加上电压时,可控制导电沟道的宽度,能控制关断和导通,属于电压控制型元件。栅极不消耗功率,工作频率高。但由于是一种载流子导电体,故为单极性器件,使得其电流容量有限。

36. 什么是绝缘栅双极晶体管?它有什么特点?

答:绝缘栅双极晶体管是一种由单极型的 MOS 管和双极型晶体管复合而成的器件。它兼有 MOS 管和晶体管二者的优点,属于电压型驱动器件。特点是输入阻抗高,工作频率高,驱动功率小,具有大电流处理能力,饱和压降低、功耗低,是一种很有发展前途的新型功率电子器件。

37. 什么是电力晶体管?它有什么特点?

答:电力晶体管是一种双极型大功率晶体管。在结构上多采用达林顿结构,属电流控制型元件。其特点是电流放大系数较低,功率大,所需驱动电流大,且过载能力差,易发生二次击穿,但工作频率高。

38. 电子设备中一般都采用什么方式来防止干扰?

答:电子设备的干扰有来自设备内部的,也有来自设备外部的,因此防干扰的方式应从两个方面进行考虑。对于来自内部的干扰,可在电路设计上采取措施,如避免闭合回路,发热元件安放在边缘处或较空处,增大输入和输出回路距离,避免平行走线以及采用差动放大电路等。对来自设备外部的干扰,可采用金属屏蔽,并一点接地,提高输入电路的输入电平,在输入和输出端加去耦电路等。

39. CMOS 集成电路与 TTL 集成电路相比较,有哪些优点及缺点?

答:CMOS 集成电路与 TTL 集成电路相比较,具有静态功耗低,电源电压范围宽,输入阻抗高,输出能力强,抗干扰能力强,逻辑摆幅大以及温度稳定性好等优点。但也存在着工作速度低,功耗随频率的升高显著增大等缺点。

40. 如何使直流电动机反转?

答:由直流电动机的工作原理可知,只要改变磁通方向和电枢电流方向中的任何一个,就可以改变电磁转矩的方向,也就能改变电动机的转向。因此,方法有两种:

(1)保持电枢两端电压极性不变,将励磁绕组反接,使励磁电流方向改变。

(2)保持励磁绕组的电流方向不变,把电枢绕组反接,使通过电枢的电流方向反向。

41. 直流电机换向火花过大的主要原因有哪些?

答:①电刷与换向器接触不良。②刷握松动或安置不正。③电刷与刷握配合太紧。④电刷压力大小不均。电刷压力应为 0.015～0.025 MPa。⑤换向器表面不光洁或不圆。⑥换向片间云母凸出。⑦电刷位置不正确。⑧电刷磨损过度或所用牌号与技术要求不符。⑨过载或负载剧烈波动。⑩换向线圈短路。⑪电枢过热,致使绕组与整流子脱焊。⑫检修时将换向线圈接反。

42. 装有纵差保护的变压器是否可取消瓦斯保护?

答:变压器纵差保护不能代替瓦斯保护,瓦斯保护灵敏、快速、接线简单,可以有效地反映变压器内部故障。运行经验证明,变压器油箱内的故障大部分是由瓦斯保护动作切除的。瓦斯保护和差动保护共同构成变压器的主保护。

43. 什么是逻辑函数的最小项和最小项表达式?

答:在逻辑函数中,对于 n 个变量函数,如果其"与或"表达式的每个乘积项都包含 n 个因子,而这 n 个因子分别为 n 个变量的原变量或反变量,每个变量在乘积项中仅出现一次,这样的乘积项称为逻辑函数的最小项,这样的"与或"式称为最小项表达式。

44. 什么是组合逻辑电路? 它有哪些特点?

答:在任何时刻,输出状态只取决于同一时刻各输入状态的组合,而与先前状态无关的逻辑电路称为组合逻辑电路。组合逻辑电路具有以下特点:①输出、输入之间没有反馈延迟通路。②电路中不含记忆单元。

45. 什么是时序逻辑电路? 它有哪些特点?

答:在任何时刻,输出状态不仅取决于当时的输入信号状态,而且还取决于电路原来的状态(即还与以前的输入有关)的逻辑电路是时序逻辑电路。时序逻辑电路具有以下特点:①时序逻辑电路中一般都包含组合逻辑电路和存储电路两部分。②存储电路输出状态必须反馈到输入端,与输入信号共同决定组合电路的输出。

46. 在双稳态电路中,要使其工作状态翻转的外部条件是什么?

答:(1)触发脉冲的极性应使饱和管退出饱和区或者是使截止管退出截止区。

(2)触发脉冲的幅度要足够大。

(3)触发脉冲的宽度要足够宽,以保证电路正反馈过程的完成。

47. 寄存器是由什么元件构成的? 它具有哪些功能?

答:寄存器由具有存储功能的触发器构成。主要功能是存储二进制代码。因为一个触发器只有 0 和 1 两个状态,只能存储一位二进制代码,所以由 n 个触发器构成的寄存器只能存储 n 位二进制代码。寄存器还具有执行数据接收和清除数据命令的控制电路(控制电路一般是由门电路构成的)。

48. 什么是移位寄存器? 它是怎样构成的?

答:为了处理数据的需要,寄存器中的各位数据要依次(由低位向高位或由高位向低位)移位。具有移位功能的寄存器称为移位寄存器。把若干个触发器串联起来,就构成一个移位寄存器。

49. 什么是计数器?它有哪些种类?

答:计数器是一种能够记录脉冲数目的装置,是数字电路中最常用的逻辑部件。计数器按进位制不同,分为二进制计数器和十进制计数器。按其运算功能不同,分为加法计数器、减法计数器和可逆计数器(也称双向计数器,既可进行加法计数,也可进行减法计数)。

50. 什么是译码器?它有哪些种类?

答:把寄存器中所存储的二进制代码转换成输出通道相应状态的过程称为译码,完成这种功能的电路称为译码器。译码器是一种多输入、多输出的组合逻辑电路。按功能不同,译码器分为通用译码器和显示译码器两种。

51. 什么是数码显示器?其显示方式有哪几种?

答:用来显示数字、文字或符号的器件称为数码显示器。数码显示器的显示方式一般有三种:

(1)字形重叠式:将不同的字符电极重叠起来,要显示某字符,只需使相应的电极发光即可,如辉光放电管。

(2)分段式:数码是由分布在同一平面上若干段发光的笔画组成,如荧光数码管。

(3)点阵式:由一些按一定规律排列的可发光的光点组成,利用光点的不同组合,便可显示不同的数码,如发光记分牌。

52. 数码显示器按发光物质不同可以分为哪几类?数字万用表一般用哪一类显示器?

答:数码显示器按发光物质不同可以分为四类:①气体放电显示器。②荧光数字显示器。③半导体显示器(又称发光二极管显示器)。④液晶数字显示器。常用的数字式万用表中采用的是液晶数字显示器。

53. 三相全控桥式整流电路对晶闸管的触发电路有什么要求?

答:为保证刚通电时能使换相点相差 60°的共阴极组与共阳极组各有一支晶闸管共同导通,且当电流断续后能再次导通,要求三相全控桥式可控整流的触发电路采用:

(1)宽脉冲触发。要求每个触发脉冲的宽度大于 60°,以使应同时导通的共阴极组和共阳极组两支晶闸管都有触发脉冲,但应小于 120°(否则会引起同组晶闸管触发脉冲重叠),一般取 80°~100°。

(2)双窄脉冲触发。即在触发某一支晶闸管的同时,给另一组在它前面导通的晶闸管补发脉冲,使应同时导通的两支晶闸管都有触发脉冲。

54. 三相交流异步电动机常见的电气故障和机械故障有哪些?

答:三相交流异步电动机常见的电气故障有:①缺相运行。②接线错误。③绕线短路。④绕组开路。⑤绕组接地。

常见的机械故障有:①定子和转子相擦。②转动部分不灵或被异物卡住。③润滑不良或轴承损坏。

55. 备用电源自动投入装置有什么用途? 它的动作原理是什么?

答:当工作电源开关由于某种原因而断开时,备用电源立即自动投入,以保证可靠地供电,减少间断的时间,投入备用电源是自动投入装置进行的。常见备用电源自动投入装置的动作原理是工作电源中断后,电压继电器动作,切断工作电源的断路器,并通过一系列继电器(中间继电器、备用电源合闸操作机构等)将备用电源自动投入。

56. 变、配电所的电气安装图作用是什么? 包括哪些图纸?

答:电气安装图是设计部门为施工进行电气安装提供的技术依据,也是运行单位进行竣工验收以及运行维护和检修试验的重要依据。变、配电所的电气安装图包括一次回路系统图、平面图和剖面图、二次回路原理展开图和安装图等。

57. 什么是电动机一次回路系统图、控制原理图?

答:用国家标准电工图形符号和文字代号,以单线绘制出的,用来表示电动机与电源、开关、启动设备的电气连接关系的电路图,是电动机一次回路系统图。用来说明电动机启动、运转、停止和继电保护等方面工作原理的电路图,是电动机控制原理图。

58. 什么是照明系统图、安装配线图?

答:用电工图形符号以单线绘制的,表示照明系统电源的连接与回路分配情况的电路图,是照明系统图。为了指导照明工程的安装,通常在建筑平面图上,按要求画出电气线路和电气设备的图形符号,并注明导线的种类和敷设方式以及灯具的种类、规格和安装高度等,这样的图就是照明工程的安装配线图。

59. 组合开关和按钮有何区别?

答:组合开关在机床电路中一般作为电源的引入开关,供不频繁接通和断开的电路用,不直接控制电动机的启动、停止,只可直接控制小容量电动机的启动、停止,也可以用于不频繁地通、断机床照明电路,其特点是所通过的是电路的工作电流。按钮不直接通过工作电流,它的作用主要是在弱电流的控制电路中发出信号,去控制接触器等电器,再间接实现对主电路电流通断和转换的控制。

60. 10 kV 及以下架空线路的引流线(反引线)之间、引流线和主干线之间的连接应符合哪些规定?

答:(1)不同的金属导线不能直接连接,应有可靠的过渡夹具。

(2)相同金属的导线,若采用绑扎连接时,其绑扎长度应符合下列规定:①导线截面积在 35 mm^2 及以下,绑扎长度应大于或等于 150 mm。②导线截面积为 50 mm^2,绑扎长度大于或等于 200 mm。③导线截面积为 70 mm^2,绑扎长度大于或等于 250 mm。④绑扎连接时,接触紧密、均匀,无硬弯引流线,应呈均匀弧度,三相应一致。⑤连接导线截面不相同时,可以以小截面的导线为准。⑥当用并沟线夹连接时,不应少于 2 个。⑦引流线与邻相引流线或引流线与邻相导线之间的距离应满足 10 kV 线路不小于 300 mm;1 kV 线路不小于 150 mm。

61. 电缆敷设常采用的直埋、排管、电缆沟等三种敷设方式的优缺点有哪些?

答:(1)直埋敷设优点:这种施工方式简单、方便、投资少,而且电缆散热也好,施工周期短。缺点:易受机械损伤和土壤中化学成分的腐蚀,检修困难。

(2)排管敷设优点:容量大,可以敷设多条电缆,占用地下断面小,便于维护和管理。缺点:投资大,建设周期长,施工较麻烦。

(3)电缆沟敷设优点:能容纳多根电缆,检修十分方便。缺点:投资较高,施工周期长,电缆沟内容易积水。

62. 单相感应电容式电动机工作原理是什么?

答:电容式电动机是把电容分相电动机中的电容与启动绕组设计为可以长期接入电路中使用,实际上变成的一台两相感应电动机。在主绕组和启动绕组中产生一个旋转磁场,在旋转磁场作用下,使转子得到转矩而转动。

63. 同步发电机有几种励磁方式?自励式半导体励磁装置的工作原理是什么?

答:同步发电机的励磁方式有两种,即直流发电机励磁方式和半导体励磁方式。自励式半导体励磁装置是通过两套整流装置向同步发电机供给励磁电流的。一套是从发电机的输出电流通过复励变流器向硅整流装置供电,进行复励磁,当发电机空载时,复励部分不工作。当发电机带负载后,两套励磁整流装置同时供给励磁电流,从而起到自动调压的作用。

64. 直流电机的基本工作原理是什么?

答:直流发电机通常是作为直流电源,向负载输出电能,直流电动机则是作为原动机,向负载输出机械能。虽然它们的用途各不相同,但结构基本上相同,它们是根据两条最基本的原理制造的,一条是导线切割磁通产生感应电动势而发电成为发电机,另一条是载流导体在磁场中受到电磁力的作用而转换为电动机。

65. 中间继电器和交流接触器有何异同？在什么情况下中间继电器可以代替交流接触器启动电动机？

答：中间继电器的结构和工作原理与交流接触器相似，不同之处是中间继电器的触头数较多，触头容量较小，且无主、辅触头之分，并无单独的灭弧装置。当被控制电动机的额定电流不超过 5 A 时，可以用中间继电器代替交流接触器控制电动机的启动和停止。力不足，动铁芯释放，触头断开使电动机停转，得到欠压保护。

66. 日光灯的启辉器是怎样工作的？

答：日光灯启辉器串联在两灯丝之间的电路中。当开关闭合，电路接通时，电源电压加在启辉器中氖管的动、静触头之间产生辉光放电，辉光产生的高温使双金属片触头闭合，点燃日光灯灯丝。触头闭合，辉光消失，温度迅速下降，导致触点被打开，在镇流器上产生较高的自感电动势，与电源电压一道加在灯管两端，击穿管内间隙，日光灯正常工作。

67. 白炽灯一般都应用在哪些场合？

答：①照明度要求不高的厂房、车间。②需要局部照明的场所和事故照明灯。③开关频繁的信号灯或舞台用灯。④电台或通信中心以及为了防止气体放电而引起干扰的场所。⑤需要调节光源亮暗的场所。⑥医疗用的特殊灯具。

68. 车间布线有哪些常用方式？各适用于什么场所？

答：车间内布线的方式有钢管布线、塑料管布线和瓷瓶布线。其中钢管布线适用于容易发生火灾和有爆炸危险的场所，线路容易被损伤的地方也常采用钢管布线；塑料管布线主要应用于有腐蚀危害的场所；而瓷瓶布线则适用于用电量大和线路较长的干燥或潮湿的场所。

69. 使用钳形电流表应该注意哪些问题？

答：①根据被测对象正确选择不同类型的钳形电流表。②选择表的量程。③被测导线需置于钳口中部，钳口必须闭合好。④转换量程时，先将钳口打开再转动量程挡。⑤注意选择钳形电流表的电压等级。⑥测量时注意安全。

70. 在电动机控制电路中，能否用热继电器作短路保护？简述原因。

答：由于热继电器的双金属片在通过短路电流而动作时存在惯性，故动作需要一定的时间，这样热继电器在短路时不能立即动作断开电源，对电动机不会起到可靠的短路保护作用。故在电动机的控制电路中不能用热继电器作短路保护，而用熔断器承担这一任务。

71. 使用电流表、电压表测量时应注意什么？

答：(1)使用电流表或电压表前对要测的数据大概估计一下，使要测的数据在表的量程范围之内，其数据若在表量程的 1/2～2/3 左右较为准确。

(2)直流电压表或电流表要注意正负极,不要接错,以免损坏仪表。

(3)绝对避免电流表与电源并联,电压表与负载串联。前者使电源短路,并且烧坏仪表,后者使负载不能工作。

72. 为什么有的主变压器三相一次侧都安装过流保护?它的保护范围是什么?

答:当主变压器的任意一侧母线有故障时,过电流保护动作,无需将主变压器全部停运。因为三相侧都安装了过电流保护,使其有选择性地切除故障。各相侧的过流保护可作为本侧母线、线路、变压器的主保护或后备保护。例如对降压变压器,其中,二次侧拒动时,一次侧过流保护应动作。

73. 继电保护的作用是什么?

答:当电力系统出现不正常的运行方式,能及时发出信号或报警。若电力系统发生故障,应能迅速、有选择地将故障部分从电力系统中切断,最大限度缩小故障范围。

74. 什么是倒闸操作?

答:倒闸操作是将电气设备的一种状态转换为另一种状态,如分断和接通刀开关、自动开关、高压隔离开关、高压断路器、交直流操作回路、整定自动保护装置以及安装或拆除临时接地线等。

75. 变电所停送电时,开关操作顺序是怎样的?

答:变电所某回路停电时,应先将断路器分断,然后拉开负荷侧隔离开关,最后拉电源侧隔离开关。送电时,先合电源侧隔离开关,然后合负荷侧隔离开关,最后合断路器。

76. 电气工作人员必须具备哪些条件?

答:(1)经医师检查无妨碍电气工作的疾病。

(2)具备必要的电气知识和熟悉电气作业的有关规程。经政府相关部门考核合格,并取得特种作业操作证者。

(3)学会紧急救护法、触电急救法以及人工呼吸法。

77. 电工常用的工具有哪些?

答:电工常用工具通常分为两大类:个人携带工具和共用工具。

(1)个人携带工具:钢丝钳、尖嘴钳、剥线钳、电工刀、扁口一字旋具、十字旋具、活动扳手、低压试电笔、钢卷尺等。

(2)共用工具:锉刀、手锤、钢锯、手电钻、台钻、砂轮机、台虎钳、压接钳、断线钳、各种扳手、小型起重设备、皮尺、电烙铁、喷灯、安全带、脚扣、紧线器、人字梯、弯管器、高压试电笔、绝缘棒、套丝机、割管刀、叉杆、抱杆等。

78. 简述低压试电笔的基本结构、工作原理及使用时应注意的事项。

答:试电笔是检验导体是否带电的工具。它由探头、氖泡、电阻、弹簧、尾部金属体(笔钩)组成。试电笔检测导体时,电流经试电笔探头—氖泡—电阻—弹簧—尾部金属—人体—大地构成回路,其电流很微小,人体与大地有 60 V 电位差,试电笔则有辉光。在使用试电笔时,应注意以下问题:

(1)使用试电笔前,应在已知有电导体上检测验证一下试电笔是否良好有效,方可使用。

(2)使用方法要正确,探头应接触导体,手指应触及试电笔尾部金属。

(3)氖泡辉光微弱,应避强光,以免看不清误认为无电。

(4)测试时要注意安全,人体不能触及探头或导体。

(5)试电笔只限于 500 V 以下导体检测。

79. 在三相四线制供电系统中,只要有了中性线就能保证各负载相电压对称吗?简述原因。

答:在三相四线制不对称星形负载中,有了中性线也不能确保中性点不位移,仍会存在三相负载电压不对称的情况。因为此时中性点位移电压就等于中性线电流与中性线阻抗的乘积。如果中性线电流大,中性线阻抗大,仍会造成较严重的中性点位移。

80. 在三相四线制供电系统中,中性线上能否安装熔断器?简述原因。

答:不能安装熔断器。因为在三相四线制不对称星形负载中,中性线电流乘以中性线阻抗就等于中性点位移电压。若中性线上安装了熔断器,一旦发生断路,会使中性线阻抗变为无穷大,产生严重的中性点位移,使三相电压严重不对称。因此在实际工作中,除了要求中性线不准断开(如中性线上不准装开关、熔断器等),还规定中性线截面积不得低于相线截面积的三分之一。同时要力求三相负载平衡,以减小中性线电流,让中性点位移减小到允许程度,保证各相电压基本对称。

81. 什么是分散控制?什么是集中控制?

答:分散控制主令信号的传递方式是直接传递,即主令信号分散在各个运动部件的执行电路中。集中控制主令信号不是直接传递,是集中的并通过主令控制器转换发出的信号。

82. 经验设计法的具体设计过程中常用的两种做法是什么?

答:第一种是根据生产机械工艺要求与工艺过程,将现已成型的典型环节组合起来,并加以补充修改,综合成所需要的控制电路。第二种是在没有典型环节的情况下,按照生产机械的工艺要求逐步进行设计,采取边分析边画图的办法。

83. 简述可编程序控制器(PLC)的故障查找方法。

答:PLC 具有很强的自诊断功能,发生故障时会进行系统自诊断,并通过故障代码和相应的指示灯予以报警显示。通常 PLC 发生异常时,其故障指示灯点亮或闪烁。有的故障会使 PLC 中断运行,也有些故障不会使 PLC 中断运行,只是故障指示灯闪亮。当 PLC 发生异常时,维修人员可通过相关指示灯的亮灭,结合说明书提供的故障代码,分析和查找故障原因,从而排除故障。查找 PLC 的故障原因,应首先根据故障现象和自诊断显示的信息,大致判断出故障的总体方向和范围,然后再针对出现故障的部分仔细检查,最终找到具体的故障点。如电源故障、运行停止异常故障(PLC 中断运行,此时运行灯灭,故障灯亮)、运行异常故障(PLC 不中断运行,此时故障灯闪烁)、输入输出故障、外部环境故障等。

84. 克服变压器不平衡电流的方法有哪些?

答:(1)相位补偿变压器采用 Y、d11 接线后,变压器两侧电流存在相位差,引起继电器不平衡电流。因此在差动接线中,二次侧电流也存在相位差,需要平衡。因此,将变压器星形侧电流互感器接成三角形,而将变压器三角形侧的电流互感器接成星形。

(2)采用速饱和变流器差动继电器。变压器励磁浪涌电流中含有很大的非周期分量,利用此种非周期分量,使饱和变流器很快饱和,使不平衡电流由一次向二次转变时很困难。这样使差流执行元件有效地躲过变压器励磁浪涌电流的影响。

(3)采用带制动线圈的差动继电器。变压器外部故障时(穿越性故障),由于故障电流很大,导致不平衡电流增大,这会引起误动作。利用外部故障电流流入制动线圈,使铁芯极度饱和,制动作用增大,虽然差动线圈中流过很大的不平衡电流,继电器也不会动作。当变压器内部故障时,差动回路电流为短路电流,远远大于制动线圈中的电流,使继电器可靠动作。

(4)利用二次谐波制动躲开励磁浪涌电流。在励磁浪涌电流作用下,差动回路中含有很大的二次谐波电流成分,在变压器内短路时却很少有二次谐波。利用这一特点,可以做到正常运行和外部故障时实现制动,并使保护不动作。出现内部故障时,可利用谐波分量使保护动作。

85. 晶闸管整流设备的调试应遵循什么原则?

答:调试时原则上按照由局部到整体、由简到繁、由弱电到强电、由空载到带载(由轻载到满载)的顺序进行。先调试控制回路,后调试主回路;先开环调试,后闭环调试。控制回路中应重点先调试晶闸管的触发电路。在触发脉冲的相位、幅值、宽度、移相范围等技术指标符合要求后,方可调试其他电路。

86. 简述晶体管特性图示仪的基本原理。

答:在晶体三极管的基极输入阶梯波电压、集电极加扫描电压,并将集电极电压加于水平偏转板,将与集电极电流成正比的电压加于垂直偏转板,只要扫描电压周期与基极阶梯波电压对应,输入一组阶梯波即可在荧光屏上显示一组输出特性曲线。

87. 理想集成运算放大器的两条重要法则是什么?

答:由于开环放大倍数为无穷大,可得出两输入端间的电压为零,即 $u_- = u_+$,称为“虚短”。又由于输入阻抗为无穷大，故输入电流 $i-=i+\approx 0$，称为“虚断”。

88. 简述三相交流换向器异步电动机的工作原理和调速方法。

答:转子初级绕组引入三相电源而产生旋转磁场，在调节绕组和定子次级绕组中产生感应电动势，在次级回路中产生电流，形成电磁转矩，转子便转动起来了。改变同相电刷间的张角 θ，即可调节电动势，进而改变次级回路电流及电磁转矩，从而改变电动机转速。

89. 简述电力变压器的组成和各部件的作用。

答:根据用途不同，变压器的构造也不尽相同。一般电力变压器的构造比较复杂，它由铁芯、线圈、油箱、散热器、套管、分接开关及其他附件构成。铁芯是变压器电磁感应的磁通路，由磁导率高的硅钢片叠装而成，各片之间彼此绝缘，以减少涡流损失。线圈是构成变压器的电路部分，由绝缘铜线或铝线绕制而成。变压器运行时，铁芯和线圈要产生大量热量，为了及时地散热，把装配铁芯和线圈放在含有变压器油的油箱中，通过油的自然对流，把热量传到外壳散出去，同时起到保护铁芯和线圈的作用。容量大的变压器，采用带有钢管散热器的油箱外壳，以增加散热面。变压器线圈的引出端，通过绝缘套管接到油箱外面，使带电体和油箱绝缘。

90. 三相异步电动机是由哪些部件构成的?

答:三相异步电动机是由定子、转子两部分和其他附件构成的。

(1)定子，由定子铁芯和定子绕组所组成。为了减少磁滞和涡流损失，环形的定子是由冲了槽的硅钢片叠成。铁芯槽内嵌放定子三相绕组，三相绕组的六个出线头固定在机座外壳的接线盒内。三相绕组可接成星形或三角形。

(2)转子，转子铁芯由硅钢片叠成并装在转轴上，硅钢片冲有均匀分布的槽，槽内嵌放转子绕组，转子绕组分鼠笼式和绕线式两种。鼠笼式转子绕组由浇铸在转子铁芯槽内的铝导线和两端的铝环组成。绕线式转子绕组和定子绕组一样，也是采用绝缘导线绕制的三相绕组。三相绕组一般接成星形，三根引出线连接到固定在转轴上的三个滑环上，由一组支持在端盖上的电刷与外电路接通，可以接入附加的启动或调速用电阻。

(3)其他附件，包括机座、端盖、风扇等。机座是由铸铁或钢板制造的，为支持定子和做保护外壳用。端盖是由铸铁制成的，在其中心孔内装有轴承以便支持转子。电动机通风冷却装置是由风扇及外风罩组成的。

91. 三相异步电动机降压启动有哪几种方式? 如何选用?

答:降压启动有以下五种启动方式:即定子串电阻(或电抗器)启动、星-三角启动、延边三角形启动、自耦补偿启动、频敏变阻器启动。

(1)定子串电阻(或电抗器)启动，适用于小容量的电动机，启动时将电阻(或电抗器)串入定子回路，外加电源电压经过适当降低后加到电动机定子绕组，使之启动，当电动机的转速升高到接近额定转速时，将电阻(或电抗器)从定子回路中切除。

(2)星-三角启动,只适用于正常运行时三角形接法的电动机。启动时绕组接成星形,接近额定转速时绕组改接成三角形运行。采用星-三角启动时,启动转矩下降到原来的1/3,所以在电动机空载或轻载时使用。

(3)延边三角形启动,电动机启动时,定子绕组接成延边三角形以减小启动电流,启动后接成三角形运行。这种方法比星形启动时启动转矩大,可以频繁启动。它适用于定子绕组中有中间接头的电动机。

(4)自耦补偿器启动,用三相自耦变压器把电源电压降低后,加到定子绕组上,达到减小启动电流的目的,所以适用于启动容量较大的电动机。

(5)频敏变阻器启动,在转子回路中串入它可以限制启动电流和提高启动转矩,使电动机获得良好的启动性能。这种方法适用于绕线式三相异步电动机。

92. 低压带电作业有哪些基本安全要求?

答:(1)带电作业必须有人监护,使用的工具必须有绝缘柄,严禁使用锉刀和金属工具。

(2)作业时应有完备的绝缘措施,必须穿长袖衣,戴安全帽,戴手套。

(3)高低压线路同杆架设,应有防止误碰高压线路的措施。

(4)在变压器台上工作时,与高压带电部分必须保持安全距离。

(5)在继电保护二次回路上操作时,应检查电流、电压互感器的二次绕组接地是否可靠,断开电流回路时,应事先把电流互感器二次绕组短路,不许带负荷拆卸电度表。

93. 发现有人触电如何急救?

答:发现有人触电,救护人员应先迅速使其脱离电源,而后进行积极的抢救。

(1)脱离电源:如果是低压触电而且开关就在附近,应立即拉开开关。如果是高压触电,应立即通知电管人员停电。也可用相应绝缘等级的工具切断电源线,或在允许的情况下人为制造短路,逼使电源自动跳闸。在触电者脱离电源前,严禁救护人员直接用手或非绝缘物去拉触电者,同时要注意其脱离电源后不得摔伤。

(2)抢救:如果触电者的心跳和呼吸仍存在,应解开衣扣使其安静舒适地平卧,自然恢复。必要时进行人工呼吸或心脏按压(禁打强心针)。如果触电者的心跳呼吸均已停止,在没有致命外伤的情况下,不能认为已经死亡,应立即进行人工呼吸或心脏按压。在请医生前来或送往医院的途中,不允许间断抢救。

94. 怎样选择架空线路的路径和杆位?

答:总的原则是经济、合理、施工维修方便和运行可靠。一般应满足下列要求:

(1)架空线路的路径应尽量选取距离短、转角和跨越少、地质条件好的地段。

(2)线路应尽量靠近道路两侧,为施工和维修创造方便条件。

(3)线路应尽量少占农田,避开洼地。

(4)线路应远离有爆炸物、易燃物和可燃液(气)体的生产厂房、仓库、贮罐等。

(5)转角杆应选择在较平坦的地带,并应考虑有足够的施工紧线场地。

(6)转角杆位置应合理安排,避免相邻两杆档距过大或过小。

(7)直线杆档距要求。①高压线路:城市和居民区为 40～50 m,农村为 60～100 m。②低压线路:城市和居民区为 40～50 m,农村为 40～60 m。③高低压同杆架设时,档距的大小应满足低压线路的要求。

95. 爆炸和火灾危险物质是怎样分类的?

答:有爆炸危险的物质:①可燃气体与空气形成的爆炸性混合物(简称爆炸性混合物)。②易燃液体的蒸气或闪点低于环境温度的可燃液体的蒸气与空气形成的爆炸混合物(简称蒸气爆炸性混合物)。③悬浮状可燃粉尘或可燃纤维与空气形成的爆炸性混合物(简称粉尘或纤维爆炸混合物)。

有火灾危险的物质:①闪点高于场所内环境温度的可燃液体。②不可能形成爆炸混合物的悬浮状或堆积状可燃粉尘或可燃纤维。③固体状可燃物质。

96. 爆炸和火灾危险场所的等级是怎样划分的?

答:爆炸和火灾危险场所的等级,按其物质状态的不同和发生事故的可能性、危险程度,划分为三类八级。

第一类为可燃气体、易燃或可燃液体的蒸气与空气形成爆炸混合物的场所,划分为三级:①Q-1 级,正常情况下能形成爆炸性混合物的场所。②Q-2 级,仅在不正常的情况下形成爆炸混合物的场所。③Q-3 级,仅在不正常的情况下形成爆炸性混合物可能较小的场所。

第二类为悬浮状可燃的粉尘和纤维,与空气形成爆炸性混合物的场所,划分为两级:①G-1 级,正常情况下能形成爆炸性混合物的场所。②G-2 级,仅在不正常情况下能形成爆炸性混合物的场所。

第三类为火灾危险场所,划分为三级:①H-1 级,可燃液体的闪点高于其生产、加工和贮存的温度或环境温度,在数量和配置上,能引起火灾危险的场所。②H-2 级,可燃的悬浮状、堆积状的粉尘或纤维,不可能与空气形成混合物,而在数量上能引起火灾危险的场所。③H-3 级,可燃的固体物质,在数量上配置上能引起火灾危险的场所。

在等级划分中所说的正常情况,是指正常的开车、运转和停车等情况,不正常的情况下,是指装置或设备事故损坏及拆除检修、误操作等情况。

97. 低压电器的安装要求是什么?

答:(1)低压电器应按水平和垂直安装。特殊型式的低压电器应按制造厂的规定安装。

(2)低压电器应安装牢固、整齐,其位置考虑操作、检修的方便。震动场所安装低压电器时,应有防震措施。

(3)在有易燃、易爆、腐蚀性气体的场所,应采用防爆型低压电器。

(4)在多灰尘和潮湿场所及在人易碰触和露天场所,应采用封闭型的低压电器。如采用开启式的应加保护箱。

(5)一般情况下,低压电器的静触头应接电源,动触头接负荷。

(6)低压电器的操作手柄距地面一般为 1～1.4 m,传动机构操作灵活可靠。

(7)低压电器各接触面上的保护油层应清除,消弧罩应完整齐全。

(8)安装低压电器的盘面上,应标明所带设备名称及回路编号或路别。

98. 装设接地装置有哪些要求?

答:(1)应首先充分利用自然接地体,因为许多自然接地体均与大地有可靠的连接。如果所利用的自然接地体的接地电阻不能满足要求时,应装设人工接地体,以弥补自然接地体之不足。

(2)采用人工接地体时,接地体有垂直埋入地下的圆钢、角钢和钢管以及水平埋入地下的圆钢和扁钢等。

(3)接地体的顶面埋设深度不应小于 0.6 m。相邻两垂直接地体的间距不宜小于其长度的二倍,水平接地体的间距应根据设计规定,不宜小于 5 m。

(4)土壤有腐蚀性时,接地体应作镀锌处理,以防腐蚀。

(5)接地体与建筑物的距离不应小于 1.5 m,与独立的避雷针接地体之间的距离不应小于 3 m。

(6)焊接接地体应使用搭接法,扁钢的搭接长度应为宽度的二倍,并至少焊接三个棱边;圆钢搭接长度为直径的六倍。焊接时必须保证质量。

(7)接地线的涂漆颜色:保护接地涂黑色,接地中性线为紫色底黑色条(每隔 15 cm 涂一黑色条,条宽 1～1.5 cm)。

(8)接地线应装于明显处,以便检查,对容易碰到的地方,要加以保护。

(9)接地干线至少应在不同的两点与接地网相连接。

S1　保护回路故障排除

一、考场准备

要求场地内有照明、三相电源、用电试运行工作台(操作台)、木质安装板、电工常用工具、万用表、木螺栓、导线、编码套管、行线槽及仪器材料明细表上所列元件等。

二、材料工具准备

1. 准备以下所需试品、仪器、材料:

序　号	仪器、材料名称	型号及规格	数　量	备　注
1	万用表	500 型	1	

2. 以下由考生自备:

序　号	名　称	型号及规格	数　量	备　注
1	劳动保护用品		1	
2	常用电工工具		1	

三、考核内容及要求

1. 考核内容

保护回路故障排除。

2. 考核时限

(1)准备时间:10 min。

(2)正式操作时间:60 min。

(3)规定时间内完成不加分,也不扣分;每超过 1 min 扣 2 分,超过 5 min 停止作业。

3. 考核评分

(1)3 名及以上考评员。

(2)按考核评分记录表中规定评分点各自独立评分,取平均分为评定得分。

(3)满分为 100 分,60 分为及格。

职业技能等级认定
电工(技师)实作技能考核评分记录表

单位：________　姓名：________　性别：_____　准考证号：________　工种：________　级别：________

试题名称：保护回路故障排除　　　　　　　　　　　　　　　　考核时间：60 min

操作开始时间：　　时　　分　　　　　　　　操作结束时间：　　时　　分

项目	分数	序号	考核技术要求及评分标准	配分	扣分	得分	备注
操作技能	70	1	故障查找并排除。一个故障未排除扣35分	70			
工具的使用及维护	20	2	正确使用仪器、工具，使用不当，每件扣2分	20			
安全生产	10	3	未按规定佩戴劳动保护用品，每处扣2分	5			
		4	作业中出现危及人身安全现象，扣5分	5			
合计	100			100			

考评员签名：　　　　　　　　　　　　认定人：　　　　　　　　　　　　年　　月　　日

S2　信号回路故障排除

一、考场准备

要求场地内有照明、三相电源、用电试运行工作台(操作台)、木质安装板、电工常用工具、万用表、木螺栓、导线、编码套管、行线槽及仪器材料明细表上所列元件等。

二、材料工具准备

1. 准备以下所需试品、仪器、材料：

序　号	仪器、材料名称	型号及规格	数　量	备　注
1	万用表	500 型	1	

2. 以下由考生自备：

序　号	名　称	型号及规格	数　量	备　注
1	劳动保护用品		1	
2	常用电工工具		1	

三、考核内容及要求

1. 考核内容

信号回路故障排除。

2. 考核时限

(1)准备时间:10 min。

(2)正式操作时间:60 min。

(3)规定时间内完成不加分,也不扣分;每超过 1 min 扣 2 分,超过 5 min 停止作业。

3. 考核评分

(1)3 名及以上考评员。

(2)按考核评分记录表中规定评分点各自独立评分,取平均分为评定得分。

(3)满分为 100 分,60 分为及格。

职业技能等级认定
电工(技师)实作技能考核评分记录表

单位:________　姓名:________　性别:_____　准考证号:________　工种:________　级别:________

试题名称:信号回路故障排除　考核时间:60 min

操作开始时间:　时　分　操作结束时间:　时　分

项目	分数	序号	考核技术要求及评分标准	配分	扣分	得分	备注
操作技能	70	1	故障查找并排除。一个故障未排除扣 35 分	70			
工具的使用及维护	20	2	正确使用工具,使用不当,每件扣 2 分	20			
安全生产	10	3	未按规定佩戴劳动保护用品,每处扣 2 分	5			
		4	作业中出现危及人身安全现象,扣 5 分	5			
合计	100			100			

考评员签名:　认定人:　年　月　日

S3　控制回路故障排除

一、考场准备

要求场地内有照明、三相电源、用电试运行工作台(操作台)、木质安装板、电工常用工具、万用表、木螺栓、导线、编码套管、行线槽及仪器材料明细表上所列元件等。

二、材料工具准备

1. 准备以下所需试品、仪器、材料:

序　号	仪器、材料名称	型号及规格	数　量	备　注
1	万用表	500 型	1	

2. 以下由考生自备:

序　号	名　称	型号及规格	数　量	备　注
1	劳动保护用品		1	
2	常用电工工具		1	

三、考核内容及要求

1. 考核内容
控制回路故障排除。
2. 考核时限
(1)准备时间:10 min。
(2)正式操作时间:60 min。
(3)规定时间内完成不加分,也不扣分;每超过 1 min 扣 2 分,超过 5 min 停止作业。
3. 考核评分
(1)3 名及以上考评员。
(2)按考核评分记录表中规定评分点各自独立评分,取平均分为评定得分。
(3)满分为 100 分,60 分为及格。

职业技能等级认定
电工(技师)实作技能考核评分记录表

单位：________　姓名：________　性别：______　准考证号：________　工种：________　级别：________

试题名称：控制回路故障排除　考核时间：60 min

操作开始时间：　时　分　操作结束时间：　时　分

项目	分数	序号	考核技术要求及评分标准	配分	扣分	得分	备注
操作技能	70	1	故障查找并排除。一个故障未排除扣 35 分	70			
工具的使用及维护	20	2	正确使用仪器、工具，使用不当，每件扣 2 分	20			
安全生产	10	3	未按规定佩戴劳动保护用品，每处扣 2 分	5			
		4	作业中出现危及人身安全现象，扣 5 分	5			
合计	100			100			

考评员签名：　认定人：　年　月　日

S4 保护屏安装配线

一、考场准备

要求场地内有照明、三相电源、用电试运行工作台(操作台)、木质安装板、电工常用工具、万用表、木螺栓、导线、编码套管、行线槽及仪器材料明细表上所列元件等。

二、材料工具准备

1. 准备以下所需试品、仪器、材料：

序 号	仪器、材料名称	型号及规格	数 量	备 注
1	电流继电器		2	
2	电压继电器		2	
3	信号继电器		2	
4	时间继电器		2	
5	万用表	500 型	1	

2. 以下由考生自备：

序 号	名 称	型号及规格	数 量	备 注
1	劳动保护用品		1	
2	常用电工工具		1	

三、考核内容及要求

1. 考核内容

保护屏安装配线。

2. 考核时限

(1)准备时间：10 min。

(2)正式操作时间：120 min。

(3)规定时间内完成不加分，也不扣分；每超过 1 min 扣 2 分，超过 5 min 停止作业。

3. 考核评分

(1)3 名及以上考评员。

(2)按考核评分记录表中规定评分点各自独立评分，取平均分为评定得分。

(3)满分为 100 分，60 分为及格。

职业技能等级认定
电工(技师)实作技能考核评分记录表

单位:__________ 姓名:__________ 性别:______ 准考证号:__________ 工种:__________ 级别:__________

试题名称:保护屏安装配线 考核时间:120 min

操作开始时间: 时 分 操作结束时间: 时 分

项目	分数	序号	考核技术要求及评分标准	配分	扣分	得分	备注
操作技能	70	1	确定各继电器的安装位置。位置确定错误每个扣5分	30			
		2	按图纸及工艺要求配线。每接错一根线扣1分;连接不牢固每处扣1分;布线纷乱扣5分	40			
工具的使用及维护	20	3	正确使用工具,使用不当,每件扣2分	20			
安全生产	10	4	未按规定佩戴劳动保护用品,每处扣2分	5			
		5	作业中出现危及人身安全现象,扣5分	5			
合计	100			100			

考评员签名: 认定人: 年 月 日

S5　计量屏安装配线

一、考场准备

要求场地内有照明、三相电源、用电试运行工作台(操作台)、木质安装板、电工常用工具、万用表、木螺栓、导线、编码套管、行线槽及仪器材料明细表上所列元件等。

二、材料工具准备

1. 准备以下所需试品、仪器、材料：

序　号	仪器、材料名称	型号及规格	数　量	备　注
1	有功电度表		1	
2	无功电度表		1	
3	有功遥测		1	
4	无功遥测		1	
5	万用表	500 型	1	

2. 以下由考生自备：

序　号	名　称	型号及规格	数　量	备　注
1	劳动保护用品		1	
2	常用电工工具		1	

三、考核内容及要求

1. 考核内容

计量屏安装配线。

2. 考核时限

(1)准备时间：10 min。

(2)正式操作时间：120 min。

(3)规定时间内完成不加分，也不扣分；每超过 1 min 扣 2 分，超过 5 min 停止作业。

3. 考核评分

(1)3 名及以上考评员。

(2)按考核评分记录表中规定评分点各自独立评分，取平均分为评定得分。

(3)满分为 100 分，60 分为及格。

职业技能等级认定
电工(技师)实作技能考核评分记录表

单位：________　姓名：________　性别：_____　准考证号：________　工种：________　级别：________

试题名称：计量屏安装配线　　　　考核时间：120 min

操作开始时间：　时　分　　　　操作结束时间：　时　分

项目	分数	序号	考核技术要求及评分标准	配分	扣分	得分	备注
操作技能	70	1	确定各表计的安装位置。位置确定错误每个扣 5 分	20			
		2	按图纸及工艺要求配线。每接错一根线扣 1 分；连接不牢固每处扣 1 分；布线纷乱扣 5 分	50			
工具的使用及维护	20	3	正确使用仪器、工具，使用不当，每件扣 2 分	20			
安全生产	10	4	未按规定佩戴劳动保护用品，每处扣 2 分	5			
		5	作业中出现危及人身安全现象，扣 5 分	5			
合计	100			100			

考评员签名：　　　　认定人：　　　　年　月　日

S6　10 kV 电流互感器交流耐压试验

一、考场准备

要求场地内有照明、三相电源、用电试运行工作台(操作台)、木质安装板、电工常用工具、万用表、木螺栓、导线、编码套管、行线槽及仪器材料明细表上所列元件等。

二、材料工具准备

1. 准备以下所需试品、仪器、材料：

序　号	仪器、材料名称	型号及规格	数　量	备　注
1	电流互感器	LJW1-10	1	
2	交流耐压试验装置		1	
3	干湿温度计		1	
4	试验报告			
5	试验线		2	

2. 以下由考生自备：

序　号	名　称	型号及规格	数　量	备　注
1	劳动保护用品		1	
2	常用电工工具		1	

三、考核内容及要求

1. 考核内容

10 kV 电流互感器交流耐压试验。

2. 考核要求

按中华人民共和国电力行业标准 DL/T 596—2021《电力设备预防性试验规程》进行试验。作业严格按相关规定进行,试验结论准确无误。

3. 考核时限

(1)准备时间:10 min。

(2)正式操作时间:60 min。

(3)规定时间内完成不加分,也不扣分;每超过 1 min 扣 2 分,超过 5 min 停止作业。

4. 考核评分

(1)3 名及以上考评员。

(2)按考核评分记录表中规定评分点各自独立评分,取平均分为评定得分。

(3)满分为 100 分,60 分为及格。

职业技能等级认定
电工(技师)实作技能考核评分记录表

单位：__________　姓名：__________　性别：______　准考证号：__________　工种：__________　级别：__________

试题名称：10 kV 电流互感器交流耐压试验　　考核时间：60 min

操作开始时间：　时　分　　操作结束时间：　时　分

项目	分数	序号	考核技术要求及评分标准	配分	扣分	得分	备注
操作技能	80	1	按试验操作规程进行试验，违反操作规程，每次扣 2 分；试验中漏项扣 10 分；接线正确，每错一处扣 2 分	30			
		2	正确记录各种原始数据，未记录温度、湿度，每处扣 2 分；试验记录项目不全，每处扣 2 分；试验记录不清楚，每处扣 1 分	20			
		3	正确填写试验报告，每错一处扣 2 分；试验结果不正确，扣 10 分；试验中造成设备危机，扣 10 分	10			
		4	正确使用仪器，未检查仪器状态，每件扣 2 分；作业中损坏仪器，每次扣 5 分	20			
工具的使用及维护	10	5	正确使用工具，使用不当，每件扣 2 分	5			
		6	正确使用设备，试验前未检查设备状态扣 2 分	5			
安全生产	10	7	未按规定佩戴劳动保护用品，每处扣 2 分	5			
		8	作业中出现危及人身安全现象，扣 5 分	5			
合计	100			100			

考评员签名：　　认定人：　　年　月　日

S7　10 kV 电流互感器介损测试

一、考场准备

要求场地内有照明、三相电源、用电试运行工作台(操作台)、木质安装板、电工常用工具、万用表、木螺栓、导线、编码套管、行线槽及仪器材料明细表上所列元件等。

二、材料工具准备

1. 准备以下所需试品、仪器、材料:

序　号	仪器、材料名称	型号及规格	数　量	备　注
1	电流互感器	LB-10A	1	
2	介损测试仪	FDT-1001	1	
3	干湿温度计		1	
4	试验报告			
5	试验线		6	

2. 以下由考生自备:

序　号	名　称	型号及规格	数　量	备　注
1	劳动保护用品		1	
2	常用电工工具		1	

三、考核内容及要求

1. 考核内容

10 kV 电流互感器介损测试。

2. 考核要求

按中华人民共和国电力行业标准 DL/T 596—2021《电力设备预防性试验规程》进行试验。作业严格按相关规定进行,试验结论准确无误。

3. 考核时限

(1)准备时间:10 min。

(2)正式操作时间:80 min。

(3)规定时间内完成不加分,也不扣分;每超过 1 min 扣 2 分,超过 5 min 停止作业。

4. 考核评分

(1)3 名及以上考评员。

(2)按考核评分记录表中规定评分点各自独立评分,取平均分为评定得分。

(3)满分为 100 分,60 分为及格。

职业技能等级认定
电工(技师)实作技能考核评分记录表

单位:________ 姓名:________ 性别:_____ 准考证号:________ 工种:________ 级别:________

试题名称:10 kV 电流互感器介损测试　　考核时间:80 min

操作开始时间: 时 分　　操作结束时间: 时 分

项目	分数	序号	考核技术要求及评分标准	配分	扣分	得分	备注
操作技能	80	1	按试验操作规程进行试验,违反操作规程,每次扣 2 分;试验中漏项扣 10 分;接线正确,每错一处扣 2 分	30			
		2	正确记录各种原始数据,未记录温度、湿度,每处扣 2 分;试验记录项目不全,每处扣 2 分;试验记录不清楚,每处扣 1 分	20			
		3	正确填写试验报告,每错一处扣 2 分;试验结果不正确,扣 10 分;试验中造成设备危机,扣 10 分	10			
		4	正确使用仪器,未检查仪器状态,每件扣 2 分;作业中损坏仪器,每次扣 5 分	20			
工具的使用及维护	10	5	正确使用工具,使用不当,每件扣 2 分	5			
		6	正确使用设备,试验前未检查设备状态扣 2 分	5			
安全生产	10	7	未按规定佩戴劳动保护用品,每处扣 2 分	5			
		8	作业中出现危及人身安全现象,扣 5 分	5			
合计	100			100			

考评员签名:　　认定人:　　年 月 日

S8 同步电动机的启动操作

一、考场准备

要求场地内有照明、同步电动机、三相电源、用电试运行工作台(操作台)、木质安装板、电工常用工具、万用表、木螺栓、导线、编码套管、行线槽及仪器材料明细表上所列元件等。

二、材料工具准备

1. 准备以下所需试品、仪器、材料:

序 号	仪器、材料名称	型号及规格	数 量	备 注
1	同步电动机、启动控制线路		1	
2	万用表	500 型	1	
3	直 尺		1	

2. 以下由考生自备:

序 号	名 称	型号及规格	数 量	备 注
1	劳动保护用品		1	
2	常用电工工具		1	

三、考核内容及要求

1. 考核内容

同步电动机的启动操作。

2. 考核时限

(1)准备时间:10 min。

(2)正式操作时间:80 min。

(3)规定时间内完成不加分,也不扣分;每超过 1 min 扣 2 分,超过 5 min 停止作业。

3. 考核评分

(1)3 名及以上考评员。

(2)按考核评分记录表中规定评分点各自独立评分,取平均分为评定得分。

(3)满分为 100 分,60 分为及格。

职业技能等级认定
电工(技师)实作技能考核评分记录表

单位:_________ 姓名:_________ 性别:_____ 准考证号:_________ 工种:_________ 级别:_________

试题名称:同步电动机的启动操作 考核时间:80 min

操作开始时间: 时 分 操作结束时间: 时 分

项目	分数	序号	考核技术要求及评分标准	配分	扣分	得分	备注
操作技能	90	1	画出按电流大小自动投入励磁电流的控制接线图、原理图。每错一处,扣1分	40			
		2	按操作步骤进行启动操作。步骤每错一步,扣15分	50			
安全生产	10	3	未按规定佩戴劳动保护用品,每处扣2分	5			
		4	作业中出现危及人身安全现象,扣5分	5			
合计	100			100			

考评员签名: 认定人: 年 月 日

S9　同步电动机的制动控制操作

一、考场准备

要求场地内有照明、同步电动机、三相电源、用电试运行工作台(操作台)、木质安装板、电工常用工具、万用表、木螺栓、导线、编码套管、行线槽及仪器材料明细表上所列元件等。

二、材料工具准备

1. 准备以下所需试品、仪器、材料:

序　号	仪器、材料名称	型号及规格	数　量	备　注
1	同步电动机、 能耗制动控制线路		1	
2	万用表	500型	1	
3	直　尺		1	

2. 以下由考生自备:

序　号	名　称	型号及规格	数　量	备　注
1	劳动保护用品		1	
2	常用电工工具		1	

三、考核内容及要求

1. 考核内容

同步电动机的制动控制操作。

2. 考核时限

(1)准备时间:10 min。

(2)正式操作时间:80 min。

(3)规定时间内完成不加分,也不扣分;每超过1 min扣2分,超过5 min停止作业。

3. 考核评分

(1)3名及以上考评员。

(2)按考核评分记录表中规定评分点各自独立评分,取平均分为评定得分。

(3)满分为100分,60分为及格。

职业技能等级认定
电工(技师)实作技能考核评分记录表

单位:________　姓名:________　性别:_____　准考证号:________　工种:________　级别:________

试题名称:同步电动机的制动控制操作　　考核时间:80 min

操作开始时间:　时　分　　操作结束时间:　时　分

项目	分数	序号	考核技术要求及评分标准	配分	扣分	得分	备注
操作技能	90	1	画出同步电动机能耗制动控制接线图、原理图。每错一处,扣1分	40			
		2	按操作步骤进行启动操作。步骤每错一步,扣15分	50			
安全生产	10	3	未按规定佩戴劳动保护用品,每处扣2分	5			
		4	作业中出现危及人身安全现象,扣5分	5			
合计	100			100			

考评员签名:　　认定人:　　年　月　日

S10　20 kV·A 单相变压器预防性试验

一、考场准备

要求场地内有照明、20 kV·A 单相变压器、三相电源、用电试运行工作台(操作台)、木质安装板、电工常用工具、万用表、木螺栓、导线、编码套管、行线槽及仪器材料明细表上所列元件等。

二、材料工具准备

1. 准备以下所需试品、仪器、材料：

序　号	仪器、材料名称	型号及规格	数　量	备　注
1	变压器	S9 型 20 kV·A	1	
2	兆欧表	ZC-7 型 2 500 V	1	
3	兆欧表	ZC-7 型 1 000 V	1	
4	直阻速测仪	GCKZ-2A	1	
5	干湿温度计		1	
6	试验报告			
7	试验线		10	

2. 以下由考生自备：

序　号	名　称	型号及规格	数　量	备　注
1	试验记录单			
2	活动扳手	250 mm	2	
3	十字螺丝刀	200 mm	1	
4	万用表	500 型	1	

三、考核内容及要求

1. 考核内容

20 kV·A 单相变压器预防性试验。

2. 考核要求

按中华人民共和国电力行业标准 DL/T 596—2021《电力设备预防性试验规程》进行试验。作业严格按相关规定进行，试验结论准确无误。

3. 考核时限

(1)准备时间：30 min。

(2)正式操作时间：150 min。

(3)规定时间内完成不加分，也不扣分；每超过 1 min 扣 2 分，超过 5 min 停止作业。

4. 考核评分

(1)3 名及以上考评员。

(2)按考核评分记录表中规定评分点各自独立评分，取平均分为评定得分。

(3)满分为 100 分，60 分为及格。

职业技能等级认定
电工(技师)实作技能考核评分记录表

单位:________　姓名:________　性别:_____　准考证号:________　工种:________　级别:________

试题名称:20 kV·A单相变压器预防性试验　　　　　考核时间:150 min

操作开始时间:　　时　　分　　　　　操作结束时间:　　时　　分

项目	分数	序号	考核技术要求及评分标准	配分	扣分	得分	备注
操作技能	80	1	按试验操作规程进行试验,违反操作规程,每次扣2分;试验中漏项扣10分;接线正确,每错一处扣2分	30			
		2	正确记录各种原始数据,未记录温度、湿度,每处扣2分;试验记录项目不全,每处扣2分;试验记录不清楚,每处扣1分	20			
		3	正确填写试验报告,每错一处扣2分;试验结果不正确,扣10分;试验中造成设备危机,扣10分	10			
		4	正确使用仪器,未检查仪器状态,每件扣2分;作业中损坏仪器,每次扣5分	20			
工具的使用及维护	10	5	正确使用工具,使用不当,每件扣2分	5			
		6	正确使用设备,试验前未检查设备状态扣2分	5			
安全生产	10	7	未按规定佩戴劳动保护用品,每处扣2分	5			
		8	作业中出现危及人身安全现象,扣5分	5			
合计	100			100			

考评员签名:　　　　　　　　　认定人:　　　　　　　　　年　　月　　日

第五部分　高级技师

1. 什么是集成电路?

答:将构成一电路的电阻、电容、半导体管等元件和电路连接线等集结到一块固体上,组成一个不可分割的整体,而外观上已分不出各种元件和电路的界限,这样的微型结构就是通常所说的集成电路。

2. 什么是反向饱和电流?

答:晶体二极管所加反向电压在一定范围内时,反向电流基本上维持一定大小不变,与反向电压数值没有关系,此时的反向电流是反向饱和电流。

3. 什么是反向击穿电压?

答:二极管反向电压逐渐增大,当达到一定数值时,反向电流突然增大,二极管失去了单向导电性,称为击穿。击穿时加在二极管上的反向电压是反向击穿电压。

4. 什么是零序电流保护?

答:利用电网接地时产生的零序电流,使电流保护动作的装置,是零序电流保护。

5. 什么是过电流方向保护?

答:过电流方向保护是在电流保护的基础上加装方向元件而构成的保护装置,用来保护双侧电源电网或环形电网的相间短路和单相接地短路。

6. 什么是电气主接线?

答:电气主接线是指变、配电所汇集和分配电能的电路,它由断路器、隔离开关、变压器、电抗器、互感器、电容器等电气设备和连接母线组成。

7. 什么是线路电压损失?

答:输电线路导线存在阻抗,当线路通过电流时在导线全长产生电压降,线路末端的电压与线路始端的电压代数差值称为线路的电压损失。

8. 什么是互感器电动力稳定?

答:互感器电动力稳定指电流互感器所能承受因短路电流引起的电动力作用而不致损坏

的能力。通常用电动力稳定倍数表示，其值等于最大电流瞬时值与该互感器额定电流幅值之比。

9. 同步发电机并网的条件是什么?

答：欲并网的发电机电压必须与电网电压的有效值相等，频率相同，极性、相序一致，相位相同，波形一致。

10. 理想变压器必须具备的条件是什么?

答：理想变压器必须具备的条件是绕组没有电阻，磁路没有磁阻且不饱和，铁芯中没有损耗。

11. 单相感应电容式电动机工作原理是什么?

答：电容式电动机就是把电容分相电动机中的电容与启动绕组设计为可以长期接入电路中使用，实际上变成的一台两相感应电动机。在主绕组和启动绕组中产生一个旋转磁场，在旋转磁场作用下，使转子得到转矩而转动。

12. 触头熔焊的原因有哪些?

答：常见的触头熔焊原因是选用不当，触头容量太小，负载电流过大；操作频率过高；触头弹簧损坏，初压力减小。

13. 同步电动机的工作原理是什么?

答：当对称三相正弦交流电通入同步电动机的对称三相定子绕组时，便产生了旋转磁场，转子励磁绕组通入直流电，便产生极对数与旋转磁场相等的大小和极性都不变的恒定磁场。同步电动机就是靠定子和转子之间异性磁极的吸引力，由旋转磁场带动转子转动起来的。

14. 如何选用三相与两相热继电器?

答：一般情况下应尽量选用两相结构的热继电器以节省投资，但如果电网的相电压均衡性较差，或三相负载不平衡，或多台电动机的功率差别比较显著，或工作环境恶劣、较少有人照管的电动机，必须采用三相结构的热继电器。

15. 三相笼型异步电动机的定子旋转磁场是如何产生的?

答：在三相异步电动机定子上布置的结构相同，在空间位置上互差120°电角度的对称三相绕组中分别通入对称三相正弦交流电，则在定子与转子的空气间隙中产生的合成磁场就是旋转磁场。

16. 应用图解法分析放大电路可以达到哪些目的?

答：①判断静态工作点的设置是否合适。②分析波形失真情况。③确定放大器不失真最大输出范围。④估计电压放大倍数。

17. 并励直流发电机自励建压的条件是什么?

答:并励直流发电机自励建压的条件是主磁极必须有剩磁,励磁磁通必须与剩磁磁通的方向一致,励磁回路的总电阻必须小于临界电阻。

18. 功率放大器与小信号电压放大器相比较有哪些主要不同之处?

答:主要不同之处在于小信号放大器要求获得尽可能高的电压(或电流),而功率放大器则考虑尽可能大地不失真输出功率,且其动态工作电流和电压变化幅度都比较大。

19. 起重设备采用机械抱闸的优点是什么?

答:机械抱闸的优点是抱得紧、可靠,在抱的过程中具有很大的响声,操作人员可以听到,对安全运行有利。

20. 半导体接近开关的优点是什么?

答:半导体接近开关具有良好的防潮防腐性能,它能接近无压力地发出检测信号,具有灵敏度高、频率响应快、重复定位精度高等优点。

21. 在双稳态电路中,要使其工作状态翻转的条件是什么?

答:双稳态电路要使其翻转的外部条件,即触发条件是:①触发脉冲的极性,应使饱和管退出饱和区或者是使截止管退出截止区。②触发脉冲的幅度要足够大。③触发脉冲的宽度要足够宽,以保证电路正反馈过程的完成。

22. 什么是涡流? 在生产中有何利弊?

答:交变磁场中的导体内部(包括铁磁物质)在垂直于磁力线方向的截面上感应出的闭合环形电流,称涡流。利:利用涡流原理可制成感应炉来冶炼金属,利用涡流可制成磁电式、感应式电工仪表,电度表中的阻尼器也是利用涡流原理制成的。弊:在电机、变压器等设备中,由于涡流存在,将产生附加损耗,同时,磁场减弱,造成电气设备效率降低,使设备的容量不能充分利用。

23. 简述铁磁材料的分类、特点及用途。

答:按照铁磁材料在反复磁化过程中所得到的磁滞回线的不同,通常将其分为三大类:

(1)软磁材料,其特点是易磁化也易去磁,磁滞回线较窄,常用来制作电机、变压器等的铁芯。

(2)硬磁材料,其特点是不易磁化,也不易去磁,磁滞回线很宽,常用来做永久磁铁、扬声器的磁钢等。

(3)巨磁材料,其特点是在很小的外磁作用下就能磁化,一经磁化便达到饱和,去掉外磁后,磁性仍能保持在饱和值,常用来做记忆元件,如计算机中存储器的磁芯。

24. 什么是直流电机的电枢反应?电枢反应对主磁场有什么影响?对直流电机有什么影响?

答:电枢磁场对主磁场的影响是电枢反应。电枢反应使主磁场发生扭转畸变,并使主磁场被削弱。其结果使直流电机的换向火花增大,使直流发电机的输出电压降低,使直流电动机的输出转矩减小。

25. 什么是直流放大器?什么是直流放大器的零点漂移?零点漂移对放大器的工作有何影响?

答:能放大缓慢变化的直流信号的放大器称为直流放大器。当直流放大器输入信号为零时,输出信号不能保持为零,而要偏离零点上下移动,这种现象即为零点漂移。放大器在工作中如果产生了零点漂移,由于信号的变化是缓慢的,在放大器的输出端就无法分清漂移和有用信号,甚至使电路无法正常工作。

26. 并励直流电动机直接启动时为什么启动电流很大?启动电流过大有何不良影响?

答:并励直流电动机启动瞬间,转速为零,反电动势也为零,端电压全部加于电阻很小的电枢绕组两端,故启动电流很大。启动电流过大将引起强烈的换向火花,烧坏换向器,将产生过大的冲击转矩损坏传动机构,还将引起电网电压波动,影响供电的稳定性。

27. 为什么在电动机运行状态下三相异步电动机的转子转速总是低于其同步转速?

答:当定子绕组接通三相正弦交流电时,转子便逐步转动起来,但其转速不可能达到同步转速。如果转子转速达到同步转速,则转子导体与旋转磁场之间就不再存在相互切割运动,也就没有感应电动势和感应电流,也就没有电磁转矩,转子转速就会变慢。因此在电动机运行状态下转子转速总是低于其同步转速。

28. 什么是阻抗匹配?变压器为什么能实现阻抗匹配?

答:使负载阻抗与放大器输出阻抗恰当配合,从而得到最大输出功率,这种阻抗恰当地配合就是阻抗匹配。变压器之所以能够实现阻抗匹配,是因为只要适当选择其一、二次侧线圈的匝数,即变压器的变压比,即可得到恰当的输出阻抗,也就是说,变压器具有变换阻抗的作用,所以它能够实现阻抗匹配。

29. 如何提高稳压电源的温度稳定性?

答:要提高稳压电源的温度稳定性,关键在于输出电压和基准电压相比较部分。常用的有下列几种方法:①选用温度系数小的取样电阻,如金属膜电阻或锰铜丝绕电阻等。②补偿比较电压随温度的变化，常用与硅稳压管温度系数相反的正向工作的硅二极管进行补偿。③补偿稳压电源的输出电压与输入电压之间的差值和稳压电源的输出电压与基准电压之间的差值随温度的变化。④利用差分电路进行温度补偿。

30. 选择电力变压器容量大小的原则是什么？

答：(1)变压器的容量能够得到充分利用，负荷率应在75%～90%左右。

(2)要考虑单台大容量电动机的启动问题，遇到这种情况就应选择容量较大一些的变压器。

31. 油断路器安装调整时，与产品的技术规定相对照，应检查哪些部位？

答：(1)电动合闸后，用样板检查油断路器传动机构中间轴与样板的间隙。

(2)合闸后，传动机构杠杆与止钉间的间隙。

(3)行程、超行程相间(包括同相各断口间)接触的同期性。

32. 产生有源逆变的条件是什么？

答：(1)外部条件，一定要有一个直流电源，它是产生能量倒流的源泉，并且要求它的极性和晶闸管导通方向一致，电动势应稍大于逆变器直流侧的平均电压。

(2)内部条件，即晶闸管变流器的直流侧应出现一个负的平均电压。

33. 伺服电动机的工作特点是什么？

答：伺服电动机的工作特点是很少达到稳定转速。在大部分工作时间内都以接近于零的速度运行，并且频繁地启动、停止和反转。

34. 三相笼型异步电动机直接启动时为什么启动电流很大？启动电流过大有何不良影响？

答：三相异步电动机直接启动瞬间，转子转速为零，转差最大，而使转子绕组中感生电流最大，从而使定子绕组中产生很大的启动电流。启动电流过大将造成电网电压波动，影响其他电气设备的正常运行。同时电动机自身绕组严重发热，加速绝缘老化，缩短使用寿命。

35. 三相异步电动机的转子转向由什么决定？怎样改变其转向？

答：三相异步电动机的转子转向与旋转磁场的转向一致，而旋转磁场的转向由三相电源的相序决定。只要将接到定子绕组首端上的三根电源进线中的任意两根对调，就可改变三相异步电动机的转向。

36. 同步发电机并网供电有哪些优越性？

答：便于发电机的轮流检修，减少备用机组，提高供电的可靠性。便于充分合理地利用动力资源，降低电能成本。便于提高供电质量，即提高供电电压和频率的稳定性。

37. 什么是伺服电动机？

答：伺服电动机又称为执行电动机或控制电动机。在自动控制系统中，用作执行元件，把所收到的电信号变为控制电动机的一定转速或操作其机械位移。

38. 什么是同步电动机的"失步"？如何避免"失步"？

答：当同步电动机负载过重时，功角过大，造成磁力线被"拉断"，同步电动机停转，这种现象是"失步"。只要电动机过载能力允许，采取强行励磁是克服同步电动机"失步"的有效方法。但同步电动机的负载不得超过其最大允许负载。

39. 同步电动机为什么不能自行启动？

答：同步电动机一旦接通电源，旋转磁场立即产生并高速旋转。转子由于惯性来不及跟着转动，当定子磁极一次次越过转子磁极时，前后作用在转子磁极上的磁力大小相等、方向相反，间隔时间极短，平均转矩为零，因此不能自行启动。

40. 为什么交流伺服电动机启动、停止控制非常灵敏？

答：一是因为它的转子质量很小，转动惯量很小。二是因为它的转子电阻很大，因而启动转矩大，一接通控制绕组便可立即转动。三是由于转子电阻很大，使临界转差率>1，一旦失去控制电压，在单相脉动磁场作用下立即形成制动转矩，使转子立即停转。

41. 试述交流测速发电机的工作原理。

答：当励磁绕组接上单相正弦交流电时，便产生一个直轴交变磁通。转子以转速 n 旋转，切割直轴交变磁通而产生同频率的感应电动势和感应电流，而该电流产生一个交轴交变磁通，穿过输出绕组，输出绕组中便感应产生与交流电同频率而大小正比于转速 n 的交变电动势，因此其输出电压与转子转速成正比。

42. 空气断路器的调整及操动试验应遵守哪些规定？

答：(1)各项调整数据应符合产品要求，传动机械及缓冲器动作灵活、无卡阻现象。

(2)充气时，应逐段增高压力，并在各段气压下进行密度检查，升到额定工作气压时，阀体、瓷套法兰、连接接头处应无漏气。

(3)调试完毕后，应进行整组空气断路器的漏气量检查，漏气量应符合产品规定，检查过程中温度不应有剧烈的变动。

43. 常用的滤波器有哪几种？

答：①电感滤波器。②电容滤波器。③L 型，即电感与电容组成的滤波器。④π 型：LCπ

型滤波器、RCπ 型滤波器。

44. 三相异步电动机绕组的构成原则是什么?

答:三相绕组必须对称分布,每相的导体材质、规格、匝数、并绕根数、并联支路数等必须完全相同。每相绕组的分布规律要完全相同。每相绕组在空间位置上要互差 120°电角度。

45. 铁磁材料具有哪些磁性能?

答:铁磁材料的磁性能主要有:

(1)磁化性,即能磁化,因而能被磁体吸引。

(2)磁滞性,即在反复磁化过程中,磁感应强度 B 的变化总是滞后于磁场强度 H 的变化。

(3)剩磁性,即铁磁材料被磁化后,取消外磁场仍能保留一定的磁性。

(4)磁饱和性,即铁磁材料在被磁化时,B 有一个饱和值,达到此值后,B 不再增加。

(5)高磁导率及磁导率 μ 的可变性,即铁磁物质的磁导率都很大,但不是常数,且一定的铁磁材料有一个最大的磁导率 μ_m。

46. 直流电机有哪些主要部件? 各有什么作用?

答:直流电机在结构上分为固定部分和旋转部分。固定部分主要是主磁极,由它产生电机赖以工作的主磁场,旋转部分主要是电枢。在直流发电机中,当电枢旋转时,根据右手定则,在电枢中产生感应电动势,把机械能转换成电能。在直流电动机中,电枢绕组通过电流,在磁场作用下,根据左手定则,产生机械转矩使电枢旋转,把电能转换为机械能。

47. 为什么整流电路中要采取过压保护措施?

答:因为晶闸管承受过电压的能力较差,而在交流侧及直流侧会经常产生一些过电压。如电网操作过电压,雷击过电压,直流侧电感负载电流突变时感应过电压,熔丝熔断引起的过电压,晶闸管换向时的过电压等,都有可能导致元件损坏或性能下降,所以要采取过电压保护措施。

48. 什么是计算机硬件,其主要功能是什么?

答:计算机硬件是构成计算机的物理实体,它是由大量的电子元、部件和设备组成,能够自动高速地对数字、信息进行加工的计算工具。硬件的主要功能是存放控制计算机运行的程序和数据,对数字、信息进行加工,实现计算机与外界环境的信息交换。

49. 什么是计算机的系统软件?

答:计算机的系统软件是由计算机的设计者提供的使用和管理计算机的软件,它包括:①操作系统。②各种语言的编译和解释程序。③机器的监督管理,故障的检测和诊断程序。

50. 重合闸正极电源有哪几种控制方法?

答:控制重合闸继电器正极电源有两种控制方法:

(1)由操作把手控制,开关合闸后装置即投入。

(2)由单独的重合闸转换开关或压板控制,即开关合闸后可由该压板或转换开关实现其投退。

51. 稳压二极管的特性是什么?它的应用如何?

答:稳压二极管的特性是在反向击穿后,尽管流过稳压管的反向击穿电流变化很大,但管子两端的电压却几乎不变。常利用这一特性来进行稳压,获得基准电压和用作电平转移。

52. 简述晶闸管-直流电动机调速系统中,给定积分器调试标准和质量要求。

答:①输入为0时,各级输出为0。②输入、输出特性加额定负载在0～±11 V内各点无振荡。③输出1.2～10 V内均可稳定限幅,并无振荡。④线性度偏差小于5%。⑤第一调节在0～10 V范围内稳定振幅无振荡。

53. 变、配电所的设备技术资料管理有哪些规定?

答:(1)建立设备台账,记录全部设备(包括母线、瓷瓶等)铭牌、技术数据、运行日期。

(2)建立健全设备技术档案,记载设备安装位置、规范、检修记录、试验成绩单、设备定级情况及设备异常运行情况等。

54. 同步电机的基本类型有哪几种?它们的用途是什么?

答:同步电机按用途不同分为发电机、电动机与补偿机三种。在现代电力系统中,交流电能几乎全部是由同步发电机发出的,同步发电机把机械能转换成电能,电动机把电能转换成机械能,补偿机专门用来调节电网的无功功率,改善电网的功率因数,所以补偿机基本上没有有功功率的转换。

55. 直流电机的基本工作原理是什么?

答:直流发电机通常作为直流电源,向负载输出电能,直流电动机则作为原动机,向负载输出机械能。虽然它们用途各不相同,但结构基本上相同,它们是根据两条最基本的原理制造的,一条是导线切割磁通产生感应电动势而发电成为发电机,另一条是载流导体在磁场中受到电磁力的作用转换为电动力。

56. 高压电气设备上的缺陷分几类?如何划分?

答:高压设备上缺陷分三类:

(1)危急缺陷:凡不立即处理即随时可能造成事故者。

(2)严重缺陷:对人身和设备有严重威胁,但尚能坚持运行者。

(3)一般缺陷:对运行影响不大,能坚持长期运行者。

57. 为什么有的配电线路只装过流保护,不装速断保护?

答:如果配电线路短,线路首末端短路时,二者短路电流差值很小,或者随运行方式的改变保护安装处的综合阻抗变化范围大,安装速断保护后,保护范围很小,甚至没有保护范围。同时该处短路电流较小,用过流保护作为该配电线路的主保护足以满足系统稳定等要求,故不再装速断保护。

58. 什么是电流速断保护?其动作值如何计算?

答:电流速断保护是过流保护的一种形式。所不同的是它的动作电流不是按躲过最大负荷电流整定,而是根据被保护线路末端三相金属性短路时,流过电流速断保护的最大短路电流不应使它动作的原则整定,即按躲过线路末端最大短路电流而整定。

动作值的整定计算:$I_{dzbh}=K_r \cdot I_{dmax}$,式中,$I_{dzbh}$为速断保护的动作电流,$K_r$为可靠系数,$I_{dmax}$为线路末端短路时流过保护装置的最大短路电流。

59. 什么是光电二极管?

答:光电二极管的结构和二极管相似,装在透明的玻璃外壳中,管中的 PN 结可以接受光照。光电二极管在电路中是处在反向工作的,在没有光照时,其反向电阻很大,可达几兆欧,有光照时,光电二极管的反向电阻只有几百欧。反向电流约为几十微安,通常用在光电转换的自动控制仪器中。

60. 架空线路工程验收应按什么程序进行?验收合格后,要进行哪些电气试验?

答:架空线路的工程验收应按隐蔽工程验收检查、中间验收检查、竣工验收检查三个程序的顺序进行。验收合格后,要进行线路绝缘测定、线路相位测定、冲击合闸三次等三项电气试验。

61. 为什么有的主变压器三相一次侧都安装过流保护?它的保护范围是什么?

答:当主变压器的任意一侧母线有故障时,过电流保护动作,无需将主变压器全部停运。因为三相侧都安装了过电流保护,使其有选择性地切除故障。各相侧的过流保护可作为本侧母线、线路、变压器的主保护或后备保护。例如对降压变压器,其中,二次侧拒动时,一次侧过流保护应动作。

62. 晶闸管串级调速系统有什么优点?

答:这种调速系统既有良好的调速性能,又能发挥异步电动机结构简单、运行可靠的优越性。调速时机械特性硬度基本不变,调速稳定性好。调速范围宽,可实现均匀、平滑的无级调速。电能通过整流、逆变而回馈电网,运行效率高,比较经济。

63. 什么是逆变角(β)和换相重叠角(γ)?

答:晶闸管变流器逆变工作时的控制角用β表示,β称为逆变角。规定逆变角β以控制角$\alpha=\pi$时作为计量的始点,此时$\beta=0$,逆变角β和控制角α的计量方向相反,其大小自$\beta=0$的起点向左方向计量,两者的关系是$\alpha+\beta=\pi$。在带电感性负载的三相或多相变流电路中,在换相时,由于变压器漏抗阻碍电流变化,因此电流不可能突变,而需要一个变化的过程,电流换相过程所对应的相角,是换相重叠角,用γ表示。

64. 三相异步电动机再生发电制动的原理是什么?

答:三相异步电动机作发电机运行时,转子转速必须高于磁场同步转速,此时转差率为负值,所以转子感应电动势和电流改变了方向。产生的电磁转矩为负值,这和转子旋转方向相反,电磁转矩和转子旋转方向相反就产生制动转矩,电动机成为发电机。

65. 交流电动机线圈的绝缘电阻吸收比在交接实验时是如何规定的?

答:额定电压为1 000 V及以上者,在接近运行温度时绝缘电阻、定子线圈应不低于1 MΩ/kV,转子线圈应不低于0.5 MΩ/kV。额定电压为1 000 V以下者,常温下绝缘电阻不应低于0.5 MΩ。1 000 V以上的电动机应测量吸收比,吸收比应不低于1.2,有条件时应分相测量。

66. 为什么电流速断保护有带时限的,有不带时限的?

答:无时限速断保护是按故障电流整定的,线路有故障瞬时动作,其保护范围不能超出被保护线路末端,只能保护线路的一部分。带时限速断保护是当线路采用无时限速断保护没有保护范围时,为使线路全长都能得到快速保护而采用的。同时与下级无时限速断保护相配合,其保护范围不仅包括线路的全部,而且深入相邻线路的第Ⅰ级(无时限)保护区,但不保护到相邻线路的全部,其动作时限比相邻线路无限速断保护大一个Δt。

67. 什么是重合闸后加速? 为什么采用同期重合闸时不用后加速?

答:当线路发生故障后,保护有选择性地动作切除故障,重合闸进行一次重合恢复供电,若重合永久性故障,保护装置即不带时限动作断开开关,这种保护装置称为重合闸后加速。同期重合是当线路无压重合后,在两端的频率不超过一定允许值的情况下才进行重合的,若线路属永久性故障,无压侧重合后再次断开,此时同期重合闸不重合,因此采用同期重合闸再装后加速装置也就没有意义了。若线路属于瞬时性故障,无压重合闸重合后,在同期重合时,冲击电流较大。如同期侧装在后加速装置上,可能因冲击电流过大而引起开关无选择性地切除,造成开关误动作,所以采用同期重合时不用后加速装置。

68. 简述短路电流计算的程序。

答:在进行短路电流计算以前,应根据短路电流计算的目的,搜集有关资料,如电力系统的电气电路图、运行方式和各个元件的技术数据等。进行短路电流计算时，先做出计算电路图，再根据它对各短路点做出等效电路图，然后利用网络简化规则，将等效电路逐步简化，求短路的总阻抗（如果不考虑元件的电阻，则求出总电抗）。最后，根据总阻抗（或总电抗），即可求得短路电流值。

69. 同步发电机投入电网并列运行的条件是什么？有哪几种并列方法？

答：同步发电机投入电网并列运行时，要求不产生有害的冲击电流，合闸后转子能很快地拉入同步，并且转速平稳，不发生振荡，并列运行的条件是：①发电机电压的有效值和电网电压的有效值相等。②发电机电压的相位与电网电压的相位相同，即 $\phi=0$。③发电机的频率和电网的频率相等。④发电机电压的相序和电网电压的相序一致。

同步发电机的并列方法有准同步法和自同步法两种，准同步法是调整发电机至完全符合并列条件时，迅速合闸使发电机与电网并列。自同步法是将未加励磁的发电机由原动机带到同步转速附近就进行合闸，然后加以励磁，利用同步发电机的自整步作用将发电机自动拉入同步。

70. 为什么直流电动机不允许直接启动？

答：根据电枢电流计算公式 $I_a=(U-E_a)/R_a$，其中电枢电动势 $E_a=nC_e\Phi$，n 为转速，C_e 为电动势常数，Φ 为励磁磁通，即 $I_a=(U-nC_e\Phi)/R_a$。可知，因启动瞬间，$n=0$，启动电流 $I_q=U/R_a$，若直接在电枢中加上额定直流启动，则启动电流 I_q 很大，可达额定电流的 10～20 倍。这样大的启动电流，会使电刷下产生强烈火花，对电刷与换向器有较大的损坏。另外，过大的启动电流会产生过大的启动转矩，给电动机及其轴上所带的工作机械带来很大的冲击，对齿轮等传动机构不利，因此不能直接启动。应把启动电流限制在额定电流的 2.5 倍。

71. 伺服电动机有几种类型？

答：伺服电动机分为交流与直流两种。交流伺服电动机都是两相异步电动机，按照转子结构的不同又分为鼠笼式和非磁性杯式两种，输出功率为 0.1～100 W。直流伺服电动机结构上与一般直流电机相似，主要分为他励式与永磁式两种，能输出较大功率，一般为 1～600 W。

72. 高压电气设备的定级标准是什么？

答：高压电气设备的定级标准分三类。一、二类为完好设备，三类为非完好设备。其具体分类如下：

(1)一类设备：经过运行考验，技术状况良好，技术资料齐全，能保证安全、经济、满发满供的设备。

(2)二类设备：设备技术状况基本良好，个别元件、部件有一般性缺陷，但能保证安全运行。

(3)三类设备：有重大缺陷不能保证安全运行，或出力降低、效率很差，或漏油、漏气、漏水严重，外观很不清洁者。

73. 电力变压器有哪些故障及危害?

答:故障包括变压器内部绕组的相间短路、单相匝间短路、单相接地短路等;变压器外部绝缘套管及引出线上的相间短路、单相接地短路等。变压器内部故障不仅会烧毁变压器,而且由于绝缘物和油在电弧作用下急剧汽化,容易导致变压器油箱爆炸。套管及引出线上发生相间或一相接地短路时,将产生很大的短路电流,有可能引起套管爆炸,危及并破坏电力系统的正常运行。

74. 什么是逻辑无环流可逆系统? 有哪些优缺点?

答:将两组整流桥反并联,供给直流电动机电枢,在任何时刻两组桥不能同时加触发脉冲,当一组运行时,必须封锁另一组桥的触发脉冲,并采用逻辑装置,严格控制两组桥的切换过程,这种可逆系统称为逻辑无环流可逆系统。逻辑无环流系统不需要均衡电抗器,也没有环流损耗,因而比较经济。同时只要逻辑装置工作可靠,系统就是可靠的。其缺点是两组桥切换时需要一定的延时(约 10 ms),过渡过程较慢。

75. 如何选择交流耐压试验的调压设备?

答:调压设备主要有自耦调压器、感应调压器等。自耦调压器具有体积小、重量轻、效率高、漏抗小和输出波形好等优点,但容量较小,单台容量最大为 30 kV·A,输出电压在 450 kV 以下。因此,在容量能满足要求的情况下,应优先选用自耦变压器。感应调压器容量大,波形也好,但结构较复杂,价格较贵。调压设备的额定电流原则上应与试验变压器的额定输入电流一致,但耐压试验是短时负载,所以允许调压设备过载。一般采用自耦变压器时,其容量大于试验变压器容量的 2/5 即可,但采用感应调压器时,只能允许 1.25 倍的过载。

76. 如何测量交流耐压试验的试验高压?

答:(1)当被试物的电容比较小时,可以用 0.5 级的电压表在试验变压器的低压侧测量其电压,再根据试验变压器的变压比换算出高压侧电压。如绝缘油、绝缘子、母线、绝缘用具等交流耐压试验,可采用这种方法测量试验电压。

(2)当被试物的电容较大时,必须在高压侧直接测量试验电压。常用方法有:①采用电压互感器与电压表直接测量。②采用高压静电电压表直接测量。③用电容器分压直接测量。④用球隙测量电压的峰值。

77. 三相鼠笼式多速感应电动机的基本类型有几种?

答:三相鼠笼式多速感应电动机一般分为两大类。一类为单绕组多速电动机,只有一套定子绕组,应用改变其接线组合的方法得到不同级数,从而实现有级变速。一类是定子槽内安放两套独立绕组,分别改变两套绕组的接线组合,可以得到四种运行速度,因此称为多绕组多速电动机。

78. 在带电的电流互感器二次回路上工作时,应采取哪些安全措施?

答:①严禁将电流互感器二次侧开路。②短路电流互感器二次绕组时,必须使用短路片或短路线,应短路可靠,严禁用导线缠绕的方法。③严禁在电流互感器与短路端子之间的回路上和导线上进行任何工作。④工作必须认真、谨慎,不得将回路的永久接地点断开。⑤工作时必须有专人监护,使用绝缘工具,并站在绝缘垫上。

79. 在三相四线制供电系统中,中性线上能否安装熔断器?简述原因。

答:不能安装熔断器。因为在三相四线制不对称星形负载中,中性线电流乘以中性线阻抗就等于中性点位移电压。若中性线上安装了熔断器,一旦发生断路,会使中性线阻抗变为无穷大,产生严重的中性点位移,使三相电压严重不对称。因此在实际工作中,除了要求中性线不准断开(如中性线上不准装开关、熔断器等),还规定中性线截面积不得低于相线截面积的三分之一。同时要力求三相负载平衡,以减小中性线电流,让中性点位移减小到允许程度,保证各相电压基本对称。

80. 克服变压器不平衡电流的方法有哪些?

答:(1)相位补偿变压器采用 Y、d11 接线后,变压器两侧电流存在相位差,引起继电器不平衡电流。因此在差动接线中,二次侧电流也存在相位差,需要平衡。因此,将变压器星形侧电流互感器接成三角形,而将变压器三角形侧的电流互感器接成星形。

(2)采用速饱和变流器差动继电器。变压器励磁浪涌电流中含有很大的非周期分量,利用此种非周期分量,使饱和变流器很快饱和,使不平衡电流由一次向二次转变时很困难。这样使差流执行元件有效地躲过变压器励磁浪涌电流的影响。

(3)采用带制动线圈的差动继电器。变压器外部故障时(穿越性故障),由于故障电流很大,导致不平衡电流增大,这会引起误动作。利用外部故障电流流入制动线圈,使铁芯极度饱和,制动作用增大,虽然差动线圈中流过很大的不平衡电流,继电器也不会动作。当变压器内部故障时,差动回路电流为短路电流,远远大于制动线圈中的电流,使继电器可靠动作。

(4)利用二次谐波制动躲开励磁浪涌电流。在励磁浪涌电流作用下,差动回路中含有很大的二次谐波电流成分,在变压器内短路时却很少有二次谐波。利用这一特点,可以做到正常运行和外部故障时实现制动,并使保护不动作。出现内部故障时,可利用谐波分量使保护动作。

81. 同步发电机有几种励磁方式?自励式半导体励磁装置的工作原理是什么?

答:同步发电机的励磁方式有两种,即直流发电机励磁方式和半导体励磁方式。自励式半导体励磁装置是通过两套整流装置向同步发电机供给励磁电流的。一套是从发电机的输出电流通过复励变流器向硅整流装置供电,进行复励磁,当发电机空载时,复励部分不工作。当发电机带负载后,两套励磁整流装置同时供给励磁电流,从而起到自动调压的作用。

82. 电抗器的作用是什么?

答:随着系统的日益发展,短路容量增加很大,某些开关的遮断容量明显不足,为此,必须将短路容量加以限制，以便选择轻型开关。目前在电站的一次接线中，尤其在 6～10 kV 系统多采用电抗器，主要用于限制短路电流。同时由于短路时电抗压降较大，从而维持了母线的电压水平，保证了用户电动机工作的稳定性。

83. 提高电力线路的功率因数有哪些措施?

答:①减少变压器和电动机的浮装容量，使它们的实际负荷达到额定容量的 75%以上。②调整负荷，提高设备利用率，减少空载运行的设备。③长期运行的大型设备采用同步电动机传动。④大容量绕线型异步电动机同步运行。⑤在高压和低压电力线路中适当装置电力电容器组。

84. 什么是逆变颠覆？逆变颠覆的原因有哪些？防止逆变颠覆的措施有哪些？

答:变流器逆变工作时，一旦发生换相失败，外接的直流电源就会通过晶闸管电路形成短路，或者使整流桥的输出平均电压和直流电源变成顺向串联，由于逆变电路的内阻很小，形成很大的短路电流，这种情况称为逆变颠覆。

逆变颠覆的原因:①触发电路不可靠。触发电路不能适时地、准确地给各晶闸管分配脉冲，如脉冲丢失、脉冲延迟等，致使晶闸管工作失常。②晶闸管发生故障。在应该阻断期间，元件失去阻断能力，或在应该导通时，元件不能导通。③交流电源发生异常现象。指在逆变工作时，交变电源突然断电、缺相或电压过低等现象。④换相的裕量角 Q 太小。逆变工作时，逆变角必须满足 $\beta > \beta_{min}$ 的关系，并且留有裕量角 Q，以保证所有的脉冲都不会进入 β_{min} 范围内。

防止逆变颠覆的措施:①选用可靠的触发器。②正确选择晶闸管的参数。③采取措施，限制晶闸管的电压上升率和电流上升率，以免发生误导通。④逆变角 β 不能太小，限制在一个允许的角度内。⑤装设快速熔断器、快速开关，进行过流保护。

85. 与机电型保护装置相比，半导体保护装置有哪些优点?

答:①半导体没有可动部分，不存在机械可动部分的磨损及接点接触不良等问题，也不怕震动，调试维修方便。②使用寿命长。③动作速度快，比机电型保护装置要快几倍到几十倍。④灵敏度高，消耗功率很小。⑤容易构成特性复杂的保护装置，满足特殊的要求。

86. 对电气测量仪表的基本要求是什么?

答:(1)准确度的要求:各表在装前均应经计量主管部门校验合格。用于发电机和调相机上的交流仪表不低于 1.5 级，用于其他设备和线路上的交流仪表不低于 2.5 级。直流仪表不低于 1.5 级。

(2)与仪表连接的分流器、附加电阻和互感器的准确度等级，不应低于 0.5 级。但仅作电流和电压测量用的 1.5 级仪表，允许使用 1.0 级互感器，对非重要回路的 2.5 级电流表允许使用 3.0 级电流互感器。

(3)选择互感器仪表的测量范围，应保证电力设备(例如发电机、变压器等)在正常运行时，仪表指示在标度尺工作部分上量限的 2/3 以上;并应考虑过负荷运行时,能有适当的指示。

(4)在可能出现短时冲击电流回路中(例如变压器、异步电动机等),宜装设过负荷标度的电流表。

(5)对于有可能出现两个方向电流的直流电路或两个方向功率的交流回路,应装设双向标度的电流表或功率表。

(6)在 500 V 及以下的直流回路中,允许使用直接接入和经分流器或附加电阻接入的电流表或电压表。

87. 如何使直流电动机反转?

答:由直流电动机的工作原理可知,只要改变磁通方向和电枢电流方向中的任何一个,就可以改变电磁转矩的方向,也就能改变电动机的转向。因此,方法有两种:

(1)保持电枢两端电压极性不变,将励磁绕组反接,使励磁电流方向改变。

(2)保持励磁绕组的电流方向不变,把电枢绕组反接,使通过电枢的电流方向反向。

88. 直流电机换向火花过大的主要原因有哪些?

答:①电刷与换向器接触不良。②刷握松动或安置不正。③电刷与刷握配合太紧。④电刷压力大小不均。电刷压力应为 0.015～0.025 MPa。⑤换向器表面不光洁或不圆。⑥换向片间云母凸出。⑦电刷位置不正确。⑧电刷磨损过度或所用牌号与技术要求不符。⑨过载或负载剧烈波动。⑩换向线圈短路。⑪电枢过热,致使绕组与整流子脱焊。⑫检修时将换向线圈接反。

89. 变压器差动保护产生不平衡电流较大的原因有哪些?

答:变压器差动保护与发电机差动保护相比,变压器差动保护的不平衡电流比较大。产生的原因有下列五点:

(1)两侧电流互感器的形式不同。由于变压器两侧的额定电压与电流不同,装设在变压器两侧和电流互感器的形式就不同,特性也不一致,将引起不平衡电流。

(2)两侧电流互感器的变化不同。由于变压器高压侧和低压侧的额定电流不同,因此在实现变压器差动保护时,两侧电流互感器的计算变压比与标准变压比不完全相符,将引起不平衡电流。

(3)变压器各侧绕组的接线方式不同。变压器如果是 Y、d11 方式时,两侧电流就有 30°相位差。即使两侧电流数值上相等,差动回路仍有不平衡电流。

(4)变压器的励磁浪涌电流。当变压器空载投入和外部故障切除后,电压恢复时可能出现数值很大的励磁浪涌电流。浪涌电流在一侧线圈内产生,将引起不平衡电流。

(5)在运行中改变变压器的变压比。变压器分头改变,使之变压比也随之改变,二次侧电流平衡关系被破坏,将引起不平衡电流。

90. 同步电动机一般采用什么方法启动?

答:同步电动机常用异步启动法启动。异步启动是利用装在转子极掌上的启动绕组来实现的,启动绕组用黄铜制成,两端用导体短接,类似于异步电动机的鼠笼型绕组。启动过程分为两个阶段:第一阶段,励磁绕组不加励磁电压而通过电阻短接,完全采用笼型电动机的启动方法(直接启动或降压启动)进行启动。第二阶段,当同步电动机的转子转速上升到接近同步转速时,将励磁绕组的短接电阻切除,通过直流励磁电流,将转子拉入同步运转。

91. 供电系统中为降低线损,可采取的具体措施有哪些?

答:(1)减少变压次数。由于每经过一次变压,在变压器中就要损耗一部分电能,变电次数越多,功率损耗就越大。

(2)根据用电负荷的情况,合理调整运行变压器的台数,负载轻时可停掉一台或几台变压器,或停掉大容量变压器而改投小容量变压器。

(3)变压器尽量做到经济运行以及选用低损耗变压器。

(4)线路合理布局以及采用合理的运行方式,如负荷尽量靠近电源,利用已有的双回线供电线路并列运行,环形供电网络采用闭环运行等。

(5)提高负荷的功率因数,尽量使用无功功率就地平衡,以减少线路和变压器中损耗。

(6)实行合理运行调度,及时掌握有功和无功负荷高峰潮流,以做到经济运行。

(7)合理提高供电电压,经过计算可知,线路电压提高10%,线路损耗降低17%。

(8)均衡三相负荷,减少中性线损耗。

(9)定期维修保养变、配电装置,减少接触损耗与泄漏损耗。

92. 简述调试单相可控整流电路的步骤。

答:一般调试步骤是先调试好控制电路,然后再调试主电路。调试控制电路的步骤为:当加上控制电路的电源后,先用示波器看触发电路中同步电压形成、移相、脉冲形成和输出基本环节的波形,并调节给定电位器改变给定信号,察看触发脉冲的移相情况。如果各部分波形正常,脉冲能平滑移相,移相范围合乎要求,且脉冲幅值足够,则控制电路调试完毕。主电路的调试步骤为:先用调压器给主电路加一个低电压(约10～20 V),接通触发电路,用示波器观察晶闸管阳阴极之间电压波形的变化。如果波形上有一个部分是一条平线,就表示晶闸管已经导通。平线的长短可以变化,表示晶闸管导通角可调。调试中要注意输出、输入回路的电流变化是否对应,有无局部短路及发热现象。

93. 高压电动机一般应装设哪些保护?

答:(1)电流速断保护:电动机定子绕组相间短路的保护,一般用于2 000 kW以下的电动机,动作于跳闸。

(2)纵联差动保护:对于2 000 kW及以上的电动机,或当2 000 kW以下电动机的电流速断保护的灵敏度满足不了要求时,采用差动保护来对电动机内部及引出线相间短路进行保护,动作于跳闸。

(3)过负荷保护:预防电动机所拖动的生产机械过负荷而引起的过电流,动作于信号或带一定时限动作于跳闸。

(4)单相接地保护:在小接地电流系统中,当接地电流大于5 A时,为预防电动机定子绕组单相接地故障的危害,必须装设单相接地保护。接地电流为5～10 A时,动作于信号;接地电流大于10 A时,动作于跳闸。

(5)低电压保护:防止电源电压降低或中断电动机自启动的保护,动作于跳闸,可根据需要装设。

94. 开环差模电压增益、输入失调电压和输入失调电流是集成运算放大器(简称运放)**的几个主要参数,试说明其含义。**

答:(1)开环差模电压增益:是指运放在无外加反馈情况下,其直流差模(差动)输入时的电压放大倍数。

(2)输入失调电压:为了使输入电压为零,在输入端需要加补偿电压,它的数值在一定程度上反映了温漂(即零点漂移)大小。

(3)输入失调电流:在输入信号为零时,运放两输入端静态基极电流之差是输入失调电流。

95. 油断路器的导电部分应符合什么要求?

答:(1)触头的表面应洁净,镀银部分不得锉磨,触头上的铜钨合金不得有裂纹或脱焊现象。

(2)触头的中心对准,分合闸的过程中无卡阻现象;同相各触头的弹簧压力一致。合闸时触头接触紧密,线性接触时,用0.05 mm×10 mm塞尺检查应塞不进去。

(3)导电部分的编织铜线或可挠软铜片不应断裂,铜片间无锈蚀,其固定螺栓应齐全紧固。

96. 低压电器的安装要求是什么?

答:(1)低压电器应按水平和垂直安装。特殊型式的低压电器应按制造厂的规定安装。

(2)低压电器应安装牢固、整齐,其位置考虑操作、检修的方便。震动场所安装低压电器时,应有防震措施。

(3)在有易燃、易爆、腐蚀性气体的场所,应采用防爆型低压电器。

(4)在多灰尘和潮湿场所及在人易碰触和露天场所,应采用封闭型的低压电器。如采用开启式的应加保护箱。

(5)一般情况下,低压电器的静触头应接电源,动触头接负荷。

(6)低压电器的操作手柄距地面一般为1～1.4 m,传动机构操作灵活可靠。

(7)低压电器各接触面上的保护油层应清除,消弧罩应完整齐全。

(8)安装低压电器的盘面上,应标明所带设备名称及回路编号或路别。

97. 变压器油色谱分析的原理是什么?

答:当变压器的内部产生过热、放电等故障时,故障区附近的绝缘物会分解,分解产生的气体不断溶解在变压器油中。不同性质的故障,由于故障的程度不同,产生的数量也不相等。分析变压器油中溶解气体的成分及其数量,就可预先发现变压器潜伏性故障的性质和程度。这就是对变压器进行色谱分析的原理。

98. 简述调试三相可控整流电路的步骤及方法。

答:(1)按调试单相可控整流电路控制回路的步骤分别调试每相的触发电路。

(2)调试三相触发电路的对称性。将三相触发电路的输出端相连,一起接到一个小于100 Ω的公共替代负载电阻上,用示波器从替代负载电阻上观察三相脉冲的宽度、幅度、移相角、移相范围是否一致,并予以调整达到一致。再断开替代负载电阻,将触发器输出端与主电路相应的晶闸管连接。

(3)检查并调整三相电源的相序。可用电容灯泡法或示波器检查,按照要求的相序接通主电路与控制电路。

(4)检查主变压器及同步变压器的一、二次侧绕组极性,并调整使其对应一致。

(5)检查触发电路输出的触发脉冲与所接主电路的晶闸管电压相位是否一致。如果是单结晶体管触发电路,可以用示波器观察削波稳压管两端的波形及相应晶闸管两端电压波形,也可以先把各个晶闸管控制极全部断开,把触发电路输出的脉冲,逐个地加到相应晶闸管控制极上,看是否可以使该晶闸管的导通角从最大变化到最小,能够在全范围内调节的就是相位对了。

S1 拉线的制作与安装

一、考场准备

要求场地内有照明、三相电源、用电试运行工作台(操作台)、木质安装板、电工常用工具、万用表、木螺栓、导线、编码套管、行线槽及仪器材料明细表上所列元件等。

二、材料工具准备

1. 准备以下所需试品、仪器、材料:

序 号	仪器、材料名称	型号及规格	数 量	备 注
1	钢绞线	30 m	1	
2	钢线卡子		8	
3	断线钳		1	
4	绑扎线			
5	钢 筋		3	
6	大 锤		1	

2. 以下由考生自备:

序 号	名 称	型号及规格	数 量	备 注
1	劳动保护用品		1	
2	常用电工工具		1	

三、考核内容及要求

1. 考核内容

拉线的制作与安装。

2. 考核时限

(1)准备时间:10 min。

(2)正式操作时间:120 min。

(3)规定时间内完成不加分,也不扣分;每超过 1 min 扣 2 分,超过 5 min 停止作业。

3. 考核评分

(1)3 名及以上考评员。

(2)按考核评分记录表中规定评分点各自独立评分,取平均分为评定得分。

(3)满分为 100 分,60 分为及格。

职业技能等级认定
电工(高级技师)实作技能考核评分记录表

单位：＿＿＿＿＿　姓名：＿＿＿＿＿　性别：＿＿＿　准考证号：＿＿＿＿＿　工种：＿＿＿＿＿　级别：＿＿＿＿＿

试题名称：拉线的制作与安装　　　　　　　　　　　　　　　　　　　　　　考核时间：120 min

操作开始时间：　时　分　　　　　　　　　　操作结束时间：　时　分

项目	分数	序号	考核技术要求及评分标准	配分	扣分	得分	备注
操作技能	90	1	制作定位锚把。定位尺寸合理,尺寸不对,扣5分	10			
		2	弯曲拉线把。弯曲部位和半径正确,部位及半径不对扣10分	20			
		3	缠绕拉线把。缠绕操作规范,圈数对,缠绕不规范,扣5分;圈数不对,扣5分	20			
		4	制作地锚。深度合适,选位准确,选位不对,扣3分;深度不合适,扣8分	20			
		5	安装拉线。拉线安装正确牢固,不牢固,扣5分	10			
		6	钢绞线束和是否切断。束和牢固,圈数正确,松散、圈数不对,分别扣3分	10			
安全生产	10	7	未按规定佩戴劳动保护用品,每处扣2分	5			
		8	作业中出现危及人身安全现象,扣5分	5			
合计	100			100			

考评员签名：　　　　　　　　　　　　　　认定人：　　　　　　　　　　　　　　年　月　日

S2　10 kV 电力电缆短路故障点的确定

一、考场准备

要求场地内有照明、三相电源、用电试运行工作台(操作台)、木质安装板、电工常用工具、万用表、木螺栓、导线、编码套管、行线槽及仪器材料明细表上所列元件等。

二、材料工具准备

1. 准备以下所需试品、仪器、材料:

序　号	仪器、材料名称	型号及规格	数　量	备　注
1	电力电缆		2	
2	电　桥	QF1-A 型	1	
3	电缆探伤仪		1	

2. 以下由考生自备:

序　号	名　称	型号及规格	数　量	备　注
1	劳动保护用品		1	
2	常用电工工具		1	

三、考核内容及要求

1. 考核内容

10 kV 电力电缆短路故障点的确定。

2. 考核时限

(1)准备时间:20 min。

(2)正式操作时间:120 min。

(3)规定时间内完成不加分,也不扣分;每超过 1 min 扣 2 分,超过 5 min 停止作业。

3. 考核评分

(1)3 名及以上考评员。

(2)按考核评分记录表中规定评分点各自独立评分,取平均分为评定得分。

(3)满分为 100 分,60 分为及格。

职业技能等级认定
电工(高级技师)实作技能考核评分记录表

单位：＿＿＿＿＿　姓名：＿＿＿＿＿　性别：＿＿＿　准考证号：＿＿＿＿＿　工种：＿＿＿＿＿　级别：＿＿＿＿＿

试题名称：10 kV 电力电缆短路故障点的确定　　　　　　　　　　　　考核时间：120 min

操作开始时间：　时　分　　　　　　　　　操作结束时间：　时　分

项目	分数	序号	考核技术要求及评分标准	配分	扣分	得分	备注
操作技能	90	1	用电桥法粗测故障点。电桥会接线、会使用，接线错误扣10分；不会使用，扣5分	20			
		2	探伤仪的使用方法和基本操作。接线错误，扣10分；不会使用，扣5分；损坏仪器，扣15分	30			
		3	用声测法确定故障点的具体位置。声测法操作不当，扣5分；听测错误，扣5分	20			
		4	判断故障点位置。故障点位置判断错误，每次扣5分	20			
安全生产	10	5	未按规定佩戴劳动保护用品，每处扣2分	5			
		6	作业中出现危及人身安全现象，扣5分	5			
合计	100			100			

考评员签名：　　　　　　　　　　认定人：　　　　　　　　　　年　　月　　日

S3　防爆电器的安装

一、考场准备

要求场地内有照明、三相电源、用电试运行工作台(操作台)、木质安装板、电工常用工具、万用表、木螺栓、导线、编码套管、行线槽及仪器材料明细表上所列元件等。

二、材料工具准备

1. 准备以下所需试品、仪器、材料：

序　号	仪器、材料名称	型号及规格	数　量	备　注
1	镀锌水煤气管		1	
2	防爆接线盒		1	
3	三相防爆开关		1	
4	挠性连接管		1	
5	三相防爆电机		1	

2. 以下由考生自备：

序　号	名　称	型号及规格	数　量	备　注
1	劳动保护用品		1	
2	常用电工工具		1	

三、考核内容及要求

1. 考核内容

防爆电器的安装。

2. 考核时限

(1)准备时间:10 min。

(2)正式操作时间:90 min。

(3)规定时间内完成不加分,也不扣分;每超过 1 min 扣 2 分,超过 5 min 停止作业。

3. 考核评分

(1)3 名及以上考评员。

(2)按考核评分记录表中规定评分点各自独立评分,取平均分为评定得分。

(3)满分为 100 分,60 分为及格。

职业技能等级认定
电工(高级技师)实作技能考核评分记录表

单位：________　姓名：________　性别：_____　准考证号：________　工种：________　级别：________

试题名称：防爆电器的安装　　　　考核时间：90 min

操作开始时间：　　时　　分　　　　操作结束时间：　　时　　分

项目	分数	序号	考核技术要求及评分标准	配分	扣分	得分	备注
操作技能	90	1	按规定安装防爆电器。会检查核对防爆电器防爆标志是否符合设计要求，不会核对扣 10 分；正确选用电器件和规格，选用错误，每次扣 5 分；防爆接线盒连接不妥，扣 5 分；三相防爆开关连接不妥，扣 5 分；挠性连接管连接不妥，扣 5 分；防爆电机进线处连接不妥，扣 5 分；镀锌水煤气管连接不妥，扣 5 分；接地接零不正确，扣 5 分；防爆电器隔爆面损伤，扣 2 分	90			
安全生产	10	2	未按规定佩戴劳动保护用品，每处扣 2 分	5			
		3	作业中出现危及人身安全现象，扣 5 分	5			
合计	100			100			

考评员签名：　　　　认定人：　　　　年　　月　　日

S4　用汽车吊吊立 12 m 水泥电杆

一、考场准备

要求场地内有照明、三相电源、用电试运行工作台(操作台)、木质安装板、电工常用工具、万用表、木螺栓、导线、编码套管、行线槽及仪器材料明细表上所列元件等。

二、材料工具准备

1. 准备以下所需试品、仪器、材料:

序　号	仪器、材料名称	型号及规格	数　量	备　注
1	汽车吊	8 t	1	
2	水泥电杆	12 m	1	
3	钢丝绳		2	
4	铁　锹		2	

2. 以下由考生自备:

序　号	名　称	型号及规格	数　量	备　注
1	劳动保护用品		1	
2	常用电工工具		1	

三、考核内容及要求

1. 考核内容

用汽车吊吊立 12 m 水泥电杆。

2. 考核时限

(1)准备时间:20 min。

(2)正式操作时间:180 min。

(3)规定时间内完成不加分,也不扣分;每超过 1 min 扣 2 分,超过 5 min 停止作业。

3. 考核评分

(1)3 名及以上考评员。

(2)按考核评分记录表中规定评分点各自独立评分,取平均分为评定得分。

(3)满分为 100 分,60 分为及格。

职业技能等级认定
电工(高级技师)实作技能考核评分记录表

单位:________　姓名:________　性别:______　准考证号:________　工种:________　级别:________

试题名称:用汽车吊吊立 12 m 水泥电杆　　　　考核时间:180 min

操作开始时间:　　时　　分　　　　操作结束时间:　　时　　分

项目	分数	序号	考核技术要求及评分标准	配分	扣分	得分	备注
操作技能	80	1	挖坑。坑深大小位置正确,深度位置不对,扣 10 分	20			
		2	扣吊绳。结绳扣正确,不正确扣 5 分	20			
		3	挂钩。挂钩部位正确,不正确扣 5 分	20			
		4	立杆。电杆竖直符合要求,不符合要求扣 5 分	20			
工具的使用及维护	10	5	填土夯实。填土时杆位竖直,不竖直,扣 5 分;夯土不实,扣 3 分	5			
		6	取绳。取绳操作不规范,扣 5 分	5			
安全生产	10	7	未按规定佩戴劳动保护用品,每处扣 2 分	5			
		8	作业中出现危及人身安全现象,扣 5 分	5			
合计	100			100			

考评员签名:　　　　认定人:　　　　年　　月　　日

S5 安装 10 kV、90°转角杆横担、绝缘子及拉线

一、考场准备

要求场地内有照明、三相电源、用电试运行工作台(操作台)、木质安装板、电工常用工具、万用表、木螺栓、导线、编码套管、行线槽及仪器材料明细表上所列元件等。

二、材料工具准备

1. 准备以下所需试品、仪器、材料:

序 号	仪器、材料名称	型号及规格	数 量	备 注
1	登高工具		1	
2	横 担		1	
3	绝缘子		1	
4	拉 线		1	
5	大 绳		1	

2. 以下由考生自备:

序 号	名 称	型号及规格	数 量	备 注
1	劳动保护用品		1	
2	常用电工工具		1	

三、考核内容及要求

1. 考核内容

安装 10 kV、90°转角杆横担、绝缘子及拉线。

2. 考核时限

(1)准备时间:20 min。

(2)正式操作时间:120 min。

(3)规定时间内完成不加分,也不扣分;每超过 1 min 扣 2 分,超过 5 min 停止作业。

3. 考核评分

(1)3 名及以上考评员。

(2)按考核评分记录表中规定评分点各自独立评分,取平均分为评定得分。

(3)满分为 100 分,60 分为及格。

职业技能等级认定
电工(高级技师)实作技能考核评分记录表

单位：＿＿＿＿＿　姓名：＿＿＿＿＿　性别：＿＿＿　准考证号：＿＿＿＿＿　工种：＿＿＿＿＿　级别：＿＿＿＿＿

试题名称：安装 10 kV、90°转角杆横担、绝缘子及拉线　　　　考核时间：120 min

操作开始时间：　时　分　　　　操作结束时间：　时　分

项目	分数	序号	考核技术要求及评分标准	配分	扣分	得分	备注
操作技能	90	1	上下杆。上下杆动作规范，不规范，每次扣 5 分	30			
		2	吊装横担、抱箍及绝缘子。横担安装部位正确，抱箍、绝缘子安装牢固并符合转角杆要求，吊装不合理，扣 5 分；安装部位不正确，扣 5 分；不牢固，扣 5 分	30			
		3	安装拉线。拉线受力方向不对，扣 5 分；安装部位不准，每个扣 3 分；上、下把安装错误，每处扣 5 分	30			
安全生产	10	4	未按规定佩戴劳动保护用品，每处扣 2 分	5			
		5	作业中出现危及人身安全现象，扣 5 分	5			
合计	100			100			

考评员签名：　　　　　　认定人：　　　　　　年　月　日

S6　高压开关柜二次回路检查与调试

一、考场准备

要求场地内有照明、三相电源、用电试运行工作台(操作台)、木质安装板、电工常用工具、万用表、木螺栓、导线、编码套管、行线槽及仪器材料明细表上所列元件等。

二、材料工具准备

1. 准备以下所需试品、仪器、材料:

序　号	仪器、材料名称	型号及规格	数　量	备　注
1	万用表	500 型	1	
2	兆欧表	ZC-7	1	

2. 以下由考生自备:

序　号	名　称	型号及规格	数　量	备　注
1	劳动保护用品		1	
2	常用电工工具		1	

三、考核内容及要求

1. 考核内容

高压开关柜二次回路检查与调试。

2. 考核时限

(1)准备时间:10 min。

(2)正式操作时间:120 min。

(3)规定时间内完成不加分,也不扣分;每超过 1 min 扣 2 分,超过 5 min 停止作业。

3. 考核评分

(1)3 名及以上考评员。

(2)按考核评分记录表中规定评分点各自独立评分,取平均分为评定得分。

(3)满分为 100 分,60 分为及格。

职业技能等级认定
电工(高级技师)实作技能考核评分记录表

单位：＿＿＿＿＿　姓名：＿＿＿＿＿　性别：＿＿＿　准考证号：＿＿＿＿＿　工种：＿＿＿＿＿　级别：＿＿＿＿＿

试题名称：高压开关柜二次回路检查与调试　　考核时间：120 min

操作开始时间：　时　分　　操作结束时间：　时　分

项目	分数	序号	考核技术要求及评分标准	配分	扣分	得分	备注
操作技能	90	1	校线。校错一根线，扣 3 分	30			
		2	二次回路绝缘测定。有短路、断路测不出来，每个扣 5 分	20			
		3	调整机电联锁装置。联锁装置不能正常工作，扣 5 分	20			
		4	调整有功、无功电能表的转向。电能表调整不好，每块扣 5 分	20			
安全生产	10	5	未按规定佩戴劳动保护用品，每处扣 2 分	5			
		6	作业中出现危及人身安全现象，扣 5 分	5			
合计	100			100			

考评员签名：　　认定人：　　年　月　日

S7　异步电动机单相启动控制线路的安装

一、考场准备

要求场地内有照明、三相异步电动机、三相电源、用电试运行工作台(操作台)、木质安装板、电工常用工具、万用表、木螺栓、导线、编码套管、行线槽及仪器材料明细表上所列元件等。

二、材料工具准备

1、准备以下所需试品、仪器、材料:

序　号	仪器、材料名称	型号及规格	数　量	备　注
1	三相异步电动机		1	
2	组合开关	三级 25 A	1	
3	熔断器	60 A、15 A	6	
4	交流接触器	CJ10-20	1	
5	热继电器	JR16-20/3	1	
6	按　钮		1	
7	端子排		1	
8	安装板		1	
9	连接线		1	

2. 以下由考生自备:

序　号	名　称	型号及规格	数　量	备　注
1	劳动保护用品		1	
2	常用电工工具		1	

三、考核内容及要求

1. 考核内容

异步电动机单相启动控制线路的安装。

2. 考核时限

(1)准备时间:10 min。

(2)正式操作时间:120 min。

(3)规定时间内完成不加分,也不扣分;每超过 1 min 扣 2 分,超过 5 min 停止作业。

3. 考核评分

(1)3 名及以上考评员。

(2)按考核评分记录表中规定评分点各自独立评分,取平均分为评定得分。

(3)满分为 100 分,60 分为及格。

职业技能等级认定
电工(高级技师)实作技能考核评分记录表

单位：__________　姓名：__________　性别：______　准考证号：__________　工种：__________　级别：__________

试题名称：异步电动机单相启动控制线路的安装　　　　考核时间：120 min

操作开始时间：　时　分　　　　操作结束时间：　时　分

项目	分数	序号	考核技术要求及评分标准	配分	扣分	得分	备注
操作技能	90	1	画出电气控制接线图和电气元件布置图。每错一处，扣 1 分	40			
		2	安装电气元件并接线。连接不牢固，每处扣 1 分；电气元件接线错误，每个扣 5 分；电气元件损坏，每个扣 5 分；接线纷乱，扣 2 分	30			
		3	通电试运转。不能正常运转，扣 10 分	20			
安全生产	10	4	未按规定佩戴劳动保护用品，每处扣 2 分	5			
		5	作业中出现危及人身安全现象，扣 5 分	5			
合计	100			100			

考评员签名：　　　　认定人：　　　　年　月　日

S8　异步电动机可逆运转控制线路的安装

一、考场准备

要求场地内有照明、三相异步电动机、三相电源、用电试运行工作台(操作台)、木质安装板、电工常用工具、万用表、木螺栓、导线、编码套管、行线槽及仪器材料明细表上所列元件等。

二、材料工具准备

1. 准备以下所需试品、仪器、材料：

序　号	仪器、材料名称	型号及规格	数　量	备　注
1	三相异步电动机		1	
2	组合开关	三级 25 A	1	
3	熔断器	60 A、15 A	6	
4	交流接触器	CJ10-20	1	
5	热继电器	JR16-20/3	1	
6	按　钮		2	
7	端子排		1	
8	安装板		1	
9	连接线		1	

2. 以下由考生自备：

序　号	名　称	型号及规格	数　量	备　注
1	劳动保护用品		1	
2	常用电工工具		1	

三、考核内容及要求

1. 考核内容

异步电动机可逆运转控制线路的安装。

2. 考核时限

(1)准备时间：10 min。

(2)正式操作时间：120 min。

(3)规定时间内完成不加分，也不扣分；每超过 1 min 扣 2 分，超过 5 min 停止作业。

3. 考核评分

(1)3 名及以上考评员。

(2)按考核评分记录表中规定评分点各自独立评分，取平均分为评定得分。

(3)满分为 100 分，60 分为及格。

职业技能等级认定
电工(高级技师)实作技能考核评分记录表

单位:________ 姓名:________ 性别:_____ 准考证号:________ 工种:________ 级别:________

试题名称:异步电动机可逆运转控制线路的安装　　考核时间:120 min

操作开始时间:　时　分　　操作结束时间:　时　分

项目	分数	序号	考核技术要求及评分标准	配分	扣分	得分	备注
操作技能	90	1	画出电气控制接线图和电气元件布置图。每错一处,扣1分	40			
		2	安装电气元件并接线。连接不牢固,每处扣1分;电气元件接线错误,每个扣5分;电气元件损坏,每个扣5分;接线纷乱,扣2分	40			
		3	通电试运转。不能正常运转,扣10分	10			
安全生产	10	4	未按规定佩戴劳动保护用品,每处扣2分	5			
		5	作业中出现危及人身安全现象,扣5分	5			
合计	100			100			

考评员签名:　　认定人:　　年　月　日

S9　异步电动机Y-△降压控制线路的安装

一、考场准备

要求场地内有照明、三相异步电动机、三相电源、用电试运行工作台（操作台）、木质安装板、电工常用工具、万用表、木螺栓、导线、编码套管、行线槽及仪器材料明细表上所列元件等。

二、材料工具准备

1. 准备以下所需试品、仪器、材料：

序　号	仪器、材料名称	型号及规格	数　量	备　注
1	三相异步电动机		1	
2	组合开关	三级 25 A	1	
3	熔断器	60 A、15 A	6	
4	交流接触器	CJ10-20	1	
5	热继电器	JR16-20/3	1	
6	按　钮		2	
7	端子排		1	
8	安装板		1	
9	连接线		1	

2. 以下由考生自备：

序　号	名　称	型号及规格	数　量	备　注
1	劳动保护用品		1	
2	常用电工工具		1	

三、考核内容及要求

1. 考核内容

异步电动机 Y-△降压控制线路的安装。

2. 考核时限

（1）准备时间：10 min。

（2）正式操作时间：120 min。

（3）规定时间内完成不加分，也不扣分；每超过 1 min 扣 2 分，超过 5 min 停止作业。

3. 考核评分

（1）3 名及以上考评员。

（2）按考核评分记录表中规定评分点各自独立评分，取平均分为评定得分。

（3）满分为 100 分，60 分为及格。

职业技能等级认定
电工(高级技师)实作技能考核评分记录表

单位:________ 姓名:________ 性别:_____ 准考证号:________ 工种:________ 级别:________

试题名称:异步电动机 Y-△降压控制线路的安装　　考核时间:120 min

操作开始时间:　时　分　　操作结束时间:　时　分

项目	分数	序号	考核技术要求及评分标准	配分	扣分	得分	备注
操作技能	90	1	画出电气控制接线图和电气元件布置图。每错一处,扣 1 分	40			
		2	安装电气元件并接线。连接不牢固,每处扣 1 分;电气元件接线错误,每个扣 5 分;电气元件损坏,每个扣 5 分;接线纷乱,扣 2 分	40			
		3	通电试运转。不能正常运转,扣 10 分	10			
安全生产	10	4	未按规定佩戴劳动保护用品,每处扣 2 分	5			
		5	作业中出现危及人身安全现象,扣 5 分	5			
合计	100			100			

考评员签名:　　认定人:　　年　月　日

S10　异步电动机反接制动控制线路的安装

一、考场准备

要求场地内有照明、三相异步电动机、三相电源、用电试运行工作台(操作台)、木质安装板、电工常用工具、万用表、木螺栓、导线、编码套管、行线槽及仪器材料明细表上所列元件等。

二、材料工具准备

1. 准备以下所需试品、仪器、材料：

序　号	仪器、材料名称	型号及规格	数　量	备　注
1	三相异步电动机		1	
2	组合开关	三级 25 A	1	
3	熔断器	60 A、15 A	6	
4	交流接触器	CJ10-20	1	
5	热继电器	JR16-20/3	1	
6	按　钮		1	
7	端子排		2	
8	安装板		1	
9	连接线		1	

2. 以下由考生自备：

序　号	名　称	型号及规格	数　量	备　注
1	劳动保护用品		1	
2	常用电工工具		1	

三、考核内容及要求

1. 考核内容

异步电动机反接制动控制线路的安装。

2. 考核时限

(1)准备时间：10 min。

(2)正式操作时间：120 min。

(3)规定时间内完成不加分，也不扣分；每超过 1 min 扣 2 分，超过 5 min 停止作业。

3. 考核评分

(1)3 名及以上考评员。

(2)按考核评分记录表中规定评分点各自独立评分，取平均分为评定得分。

(3)满分为 100 分，60 分为及格。

职业技能等级认定
电工（高级技师）实作技能考核评分记录表

单位：＿＿＿＿＿　姓名：＿＿＿＿＿　性别：＿＿＿　准考证号：＿＿＿＿＿　工种：＿＿＿＿＿　级别：＿＿＿＿＿

试题名称：异步电动机反接制动控制线路的安装　　　　考核时间：120 min

操作开始时间：　时　分　　　　操作结束时间：　时　分

项目	分数	序号	考核技术要求及评分标准	配分	扣分	得分	备注
操作技能	90	1	画出电气控制接线图和电气元件布置图。每错一处，扣 1 分	40			
		2	安装电气元件并接线。连接不牢固，每处扣 1 分；电气元件接线错误，每个扣 5 分；电气元件损坏，每个扣 5 分；接线纷乱，扣 2 分	40			
		3	通电试运转。不能正常运转，扣 10 分	10			
安全生产	10	4	未按规定佩戴劳动保护用品，每处扣 2 分	5			
		5	作业中出现危及人身安全现象，扣 5 分	5			
合计	100			100			

考评员签名：　　　　认定人：　　　　年　月　日